いぬほん

犬のほんねがわかる本

マンガ

監

西東社

プロローグ

カタ
カタ
あ
もう散歩の時間か
自分で覚えてるなんて
モカすごいねえ
!
まったく犬っておバカなのか賢いのかわからないな
ワンワン
ワンワン
それは置き物だって…
犬は人よりすぐれているところもあればおとっているところもあるのです!
ザッ
うわーっ
誰!?

犬LOVE
動物学者の今泉忠明です
知ってる！
犬のほんねが知りたいですか？
はい！もちろん
アレも
コレも
ああソレも知りたい…っ
あああどうしようたくさんあって収拾つかない！
キャオオッ
全部教えるから落ち着いて！

登場人物＆犬たち紹介

モカ
トイ・プードル（♂・5歳）。犬飼家のアイドル。自分がかわいいことを自覚している。

ヤヨイ
犬飼家の長女。アラサー。在宅の仕事をしつつ実家でモカや家族と暮らしている。

ハルコ
犬飼家の母。モカと相思相愛。犬用おやつを作るのが趣味。

マコト
犬飼家の父。モカと仲良くなりたいが愛情表現が不器用で怖がられている。

リョウタ
犬飼家の長男。ヤヨイの弟。会社員。一見クールだがヤヨイに負けずおとらず犬好き。

**チョコ＆
チョコママ**

チワワ（♂・2歳）とその飼い主。ご近所の散歩仲間。

**コテツ＆
コテツパパ**

柴犬（♂・5歳）とその飼い主。コテツパパは散歩仲間のリーダー的存在。

**マロン＆
マロンママ**

モカが恋心を抱くミニチュア・ダックスフンド（♀・2歳）とその飼い主。ご近所の散歩仲間。

**チャーシュー、トンコツ＆
チャーシューママ**

フレンチ・ブルドッグの親子（♀・3歳）、（♂・1歳）とその飼い主。ご近所の散歩仲間。

**ルーク＆ルークパパ、
ルークママ**

心優しきゴールデン・レトリーバー（♂・6歳）と飼い主夫婦。ご近所の散歩仲間。

もくじ

1章 そのヘンな行動はなんのため

01 穴があるとにかく顔をつっこむのはなぜ？……10
02 オシッコのときに足を上げるのはなんで？……12
03 叱ろうとするとおなかを見せるのは降参のサイン？……14
04 ニセ物の犬におびえたり威嚇したりします……16
05 いつも同じ向きでウンチをしてる気がする………18
06 排泄後に地面をケリケリする犬としない犬がいるのは？……20
07 ウンチするときじっとこちらを見るのは何？……21
08 犬が好きな音楽ってあるの？……22
09 大型犬も小型犬もオシッコにかかる時間は同じ？……23
10 ウンチを食べる犬がいるのはどうして？……24
11 犬は好きな人からおやつをもらいたがるの？……26
12 横たわる前にくるくる回るのはなぜ？……28
13 水浴び後のブルブルにはどのくらい効果があるの？……29
14 人が歌うと遠吠えしだすのはなんで？……30
15 課題をクリアすると笑顔になる気がする……32
16 犬どうしのケンカってけっこう激しいんだけど………34
17 すぐ仲良くなれる犬となれない犬がいるのは？……36
18 もともと肉食のはずなのにお米も好きなのはなぜ？……38

19 犬は多産だけどちゃんと育てられるの？……40
20 犬に育てられた猫は犬みたいに育つのかな……42
21 親子は性格も似るの？……44
22 言葉がなくても愛犬の要求がわかってしまう……46

2章 かわいいのにはワケがある

23 子犬ってどうしてああもかわいいの？……52
24 おとなになっても変わらずかわいいのはなんで？……54
25 哀れっぽく鳴くのはわざと？……56
26 哀れっぽい表情をするのはわざと？……58
27 「かわいい」という言葉を聞くと必ず反応。ナルシスト…？……60
28 首をかしげるしぐさ、かわいいとわかってやってる？……61
29 犬も笑うよね？……62
30 怒られそうになるとテヘペロするんですが……63
31 人の目を意識して行動しているような？……64
32 人へのおねだりがうますぎる！……66
33 犬がかわいすぎて食べちゃいたくなります……68
34 怖いとき、すぐに飼い主のそばに来るのはダメ犬？……70

35 飼い主とその犬は似た者どうし？ 72
36 ビビリな私と飼い犬。性格も似るの？ 74

3章 犬はすごい、犬は天才

37 人が指さしたものをちゃんと選ぶのはなぜ？ 78
38 誰が信用できる人間か見抜いている気がする 80
39 雷はやっぱり大の苦手？ 82
40 犬は人の表情を見分けることができる？ 84
41 犬笛に鋭く反応するのはどうして？ 86
42 自分の名前を呼ばれたら必ずわかるもの？ 88
43 ものの名前をどれくらい覚えられるの？ 90
44 おざなりにほめると満足してくれません 92
45 言葉で意思を伝える犬がいるってホント？ 94
46 大きな犬の唸り声はやっぱり怖いの？ 95
47 飼い主の声を聞けば飼い主を思い出す？ 96
48 嗅覚がすぐれている犬。臭いものは数倍臭い？ 98
49 人の感情が犬に伝染することってある？ 100
50 漂うにおいと別の食べ物を差し出すと「これじゃない」という顔 102
51 飼い主が消えるドッキリで犬がすごく驚くのはなぜ？ 103
52 多いほうのおやつを選びます 104
53 おやつを減らすとバレます 105
54 きょうだい犬のことはいつまで覚えている？ 106
55 犬ってなんで時間がわかるの？ 107
56 高度な計算が必要な問題を解いちゃうってホント？ 108
57 ほかの犬に同情して助けることがある？ 110
58 犬にグチを聞いてもらう私って変？ 112

4章 犬にもいろいろいるのさ

59 オラオラ系と穏やか系。性格のちがいはどこから？ 118
60 まゆげ柄や牛柄などふしぎな柄はなぜできる？ 120
61 盲導犬はなんでレトリーバーばかりなの？ 122
62 留守番が苦手な犬がいるのはどうして？ 124
63 うちの犬は注目を浴びるのが大好きなんです 126
64 コワモテの犬って案外優しい？ 128
65 大型犬のほうが脳が大きくて頭がいいの？ 130
66 柴犬は人にこびない性格？ 132
67 アフガン・ハウンドってわがままなの？ 134

68 太った犬はかわいいけど健康面はどうなの？ 136
69 雑種の犬は純血種より体が丈夫？ 138
70 人間の星占い、犬にはあてはまらないよね？ 140
71 メスのほうが賢い？ 142
72 オスとメスでは利き手がちがうってホント？ 144
73 オスの子犬ばかり生まれるのはどういうとき？ 146

5章 アイシテルからずっといっしょ

74 犬と見つめ合うと幸せな気持ちになる…なんで？ 150
75 ナデナデよりもやっぱりおやつのほうが好き？ 152
76 いつものおやつより手作りおやつのほうが上？ 154
77 好きなおやつのときは瞳の輝きがちがう気がする 156
78 どうして帰宅するたびに大喜びしてくれるの？ 157
79 落ち込んでいるとなぐさめてくれるよね？ 158
80 私がつらいとき、まるでヒーローのように現れます 160
81 探しものを見つけてくれるのはなんで？ 162
82 犬と飼い主ってときどき行動がシンクロするよね？ 164
83 飼い主のストレスは犬にも伝染するの？ 165
84 犬が人間をだますこともある？ 166
85 職業犬は人に忠実だよね？ 168
86 犬も仮病を使う？ 170
87 犬はほめてしつけるのがベスト？ 171
88 私が苦手な人は犬も苦手みたいです 172
89 犬に教えたいコマンド、手本を見せるのは有効？ 174
90 犬も嫉妬するの？ 176
91 分離不安の犬が同居猫で癒やされることがある？ 178
92 パートナーより愛犬のほうが大事な私ってひどい？ 179
93 夫より愛犬と一緒に眠りたい！ 180
94 犬を飼うと友だちが増えるってホント？ 181
95 犬を飼うと異性との出会いが増えるってホント？ 182
96 犬を飼うと若くいられるってホント？ 183
97 オス犬はやっぱり女性が好きなの？ 184
98 人は犬語を理解できる？ 186
99 ペットロスがこんなにつらいのはなんで？ 188
100 犬なしでは、生きていけない 190

◎知りたい！ 犬のほんねのキホンのキ① 48
知りたい！ 犬のほんねのキホンのキ② 114
◎フムフム課外授業 大型犬のほうが短命なわけ 76
悲観的な犬＝ダメな犬ではない 148

1章

そのヘンな行動はなんのため

01 穴があるとにかく顔をつっこむのはなぜ？

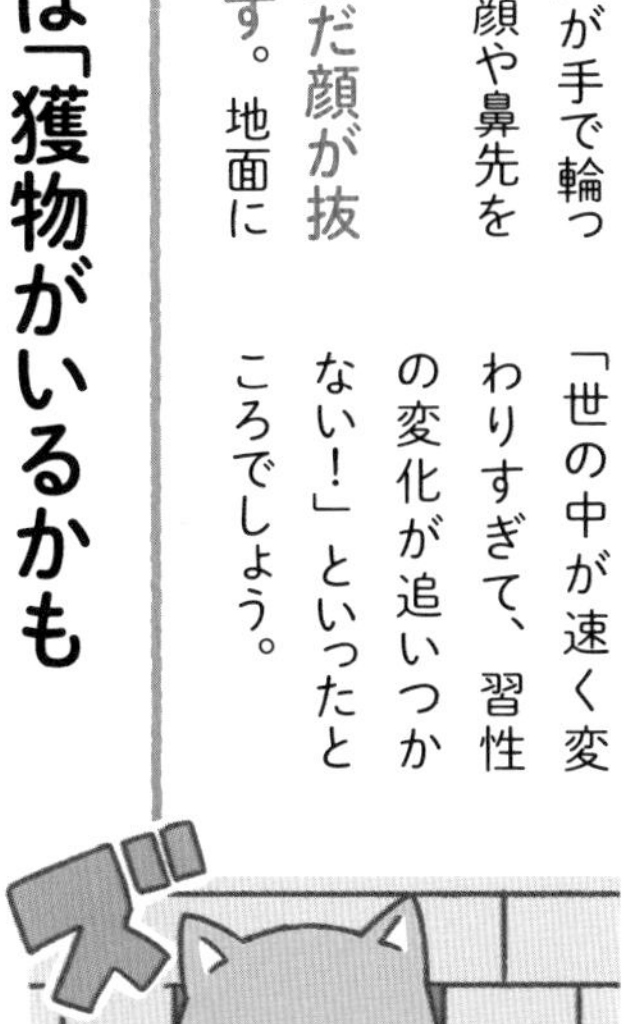

いぬのほんね

犬にとって穴は「獲物がいるかもしれないすてきな場所」。顔をつっこみたくなるのは当然さ

穴は犬にとって魅力的な場所です。野生時代、犬は獲物の巣穴に顔をつっこんで探すのがつね。穴を見かけたら、とりあえず顔をつっこんでみたくなるのが本能です。ときどき、塀の穴から顔を出して通りをながめている犬を見かけますがこれもまったく同じ理由。最近では「スヌートチャレンジ」という遊びも流行っているよう。人が手で輪っかを作って差し出すと、そこに犬が顔や鼻先をつっこんでくるというものです。

しかし困ったことに、つっこんだ顔が抜けなくなる事態も起きています。地面にある獲物の巣穴ならたとえせまくても後ずさりしたり、もがいて土を崩したりすれば無事に抜けられますが、人工物はそうはいきません。タイヤのホイールに頭をつっこんで抜けなくなった犬のために消防隊が出動するといった事態もちらほら……。

犬にしてみれば「世の中が速く変わりすぎて、習性の変化が追いつかない！」といったところでしょう。

ズボッ

02 オシッコのときに足を上げるのはなんで？

散歩中
ハッ
クンクン
まさか出るのか
アレが…!?
バッ
シャアアア…
アクロバティックスタイル!!
キリッ
かっこいいと思ってるのかな…？
うふふ
すごーいっ
クスクス

オス犬は片足を上げて排尿するのが定番スタイル。なかには後ろ足を2本とも上げて、逆立ちしながらオシッコをする犬もいてビックリです。

この行動はなるべく高い場所にオシッコをかけて、ほかの犬に「自分は大きくて強いんだぞ！」とアピールするための行動といわれます。そのせいか、**体の小さい犬ほど足を高々と上げてオシッコする**ことが最近の調査でわかりました。大型犬はもともと大きいため、あえて自分を大きく見せる必要はないのです。つまり**小型犬ほど虚勢を張りたがる**というわけ。人間でいうとシークレットシューズのようなものでしょうか。

また、ほかの犬のオシッコ跡があると犬は自分のオシッコで上塗りをしようとしますが、自分より大きい犬の排泄跡に上塗りするためには小型犬は足を高く上げるしかないという説も。いずれにしても小さな体で曲芸並みのアクロバティックスタイル、ご苦労さまとねぎらいたくなります。

いぬのほんね

「ボクは大きくて強い犬なんだぞ！」というアピール。なるべく高い場所にオシッコをひっかけるための行為だよ

03 叱ろうとするとおなかを見せるのは降参のサイン？

相手の前で仰向けになっておなかを見せるのは「降参」や「服従」のサイン――。この説はあまりに有名ですが、じつはおなかを見せるしぐさには複数の意味があり、「服従」はそのうちのひとつに過ぎません。相手に子犬のように「甘える」しぐさでもありますし、急所である首を守る「防御」である場合もありますし、また相手が襲ってきたら咬みつこうと構える「反撃」である場合も。服従とは真逆の場合もあるのです。

カナダの大学が犬どうしの腹見せ行動248例を分析したところ、すべてが遊びのなかの防御や反撃、または相手を遊びに誘うための腹見せで、服従の意味の腹見せは1例もなかったそう。

犬の祖先であるオオカミの群れでは、統率をとるために本気の威嚇や服従が必要でしたが、群れを作る必要のない現代の犬では、腹見せは遊びのなかの「なんちゃってボディランゲージ」として残っているに過ぎないのかもしれません。

いぬのほんね

緊張感のない間柄で見せる「腹見せポーズ」は、単なるケンカごっこ遊びのことが多いかも

好きなのっ

04 ニセ物の犬におびえたり威嚇したりします

友だちから犬顔クッションをもらった

しば〜〜♡

かわいい〜♡

ソファーに置いとこ

〜♪

ちっすセンパイ…

おそるおそる…

クンクン

ユラ…

ビクゥゥ

やっぱり撤去しようかな…

ヴヴ〜〜ッ

ワウッ

ワォ…(小声)

めっちゃ怖がってる…

犬の視力は人よりおとっています。0.2〜0.3くらいしかないといわれ、ぼんやりとしかものが見えていない状態です。なかには公園にある人間の銅像の前にボールを置き「遊んで」とねだる犬もいてくすっとします。紙に描かれた動物のシルエットにも反応するくらいですから、**二次元と三次元の区別も難しいくらいの視力の悪さ**なのです。

「犬は嗅覚がすぐれているんだから、相手が生きているかどうか鼻でわかるのでは?」という疑問がわくかもしれません。もちろん、対象物に近づいてにおいを嗅げば「あれ? 犬じゃないぞ」とわかるはずですが、離れた場所から相手を認識する手段はまず視覚や聴覚。初めて見る犬顔クッションを見分けられなくてもしかたないのです。とくにほかの犬との交流があまりない犬は、ニセ物に反応しやすいのでしょう。ちなみにここでいう視力はいわゆる解像度のこと。

動くものを見分ける動体視力や、薄暗がりでものを視認する力は人よりすぐれています。

いぬのほんね

離れた場所から見ただけでは本物かニセ物かの見分けは難しい。視界の解像度は人よりおとっているんだ

05 いつも同じ向きでウンチをしてる気がする…

クンクン
クル
おっ
ソコかな
クル
ハッ

そういえばいつも
この場所では…
ポストのほうを向いて
ソコしている…!?

隙あらば
斬る…
させぬ
…ンッ
もしかしてポストに
警戒している…?

犬は排泄時に南北の地軸に体を合わせることが多いというデータが発表されたのは2013年のこと。チェコとドイツの研究チームが計7475回の犬の排泄を観察した結果、高い確率で排泄時に南北のどちらかを向いていることがわかったのです。その後イスラエルのチームが検証を行いましたがやはり同じ結果に。**犬は排便前にくるくる回るしぐさを見せますが、これはコンパスのように地軸を探し当てる**ためともいわれています。

鳥や昆虫は磁場を感知できることは以前から知られていましたが、犬にもこの能力があるらしいというのは新発見。ほかに、視覚的な手がかりがなくても**犬は隠された磁石を発見できる**という実験結果や、磁場を感じるタンパク質が目の細胞内にあるらしいというデータもこれを裏づけます。しかしなぜ地軸にそって排泄したがるのかは相変わらず謎。ウシやシカも食事や休憩中は南北を向くことが多いそうですが、地軸にそうと「なんとなく落ち着く」のでしょうか……?

いぬのほんね

犬は排泄のとき、南北の地軸に体を合わせるという謎のデータが。地球の磁場を感じとってるんだ!

06 排泄後に地面をケリケリする犬としない犬がいるのは？

排泄後に地面を蹴るのはマーキング。肉球からの汗を地面につけ、引っかき跡もほかの犬へのアピールになります。しかしすべての犬がこれを行うわけではないよう。ある専門家は約10％の犬しかこの行動を行わないと述べています。

いぬのほんね

ほかの犬に自分をアピールしたい犬はケリケリするよ

あ、コテツ君だ こんにちはー
やあ、モカちゃんだ
ザッ ザッ
コテツ君は オシッコのあと 地面をケリケリする
そういえば モカさんは ケリケリしないな
ふぅ…
これって個体差なのかな…？
？
ごあいさつ

07 ウンチするときじっとこちらを見るのは何？

おっと
ソコ袋は…と
……
……
さっ
……
じ…
なぜ私を見る!?

排泄中は無防備な状態。あなたが犬の排泄姿をじっと見つめていたら、警戒して見つめ返してくるのかも。もしくは、室内でシーツに排泄した際、ほめられた経験から、「排泄したらほめてくれるはず」と期待しているのかも!?

いぬのほんね

ウンチしたらほめてくれるはず！

08 犬が好きな音楽ってあるの？

クラシックは犬をふくめ多くの動物をリラックスさせることが知られています。しかし最近のスコットランドの実験では意外にもレゲエや、ポップスに近いソフトロックのリラックス効果が高かったそう。犬は陽気な音楽が好み!?

いぬのほんね

クラシック音楽は定番だけど、レゲエとかも好きなんだ

ねぇ聞いて〜 犬にもクラシック音楽がいいんですって！
かけてあげて〜
へー
母・ハルコ
うーんたしかにクラシックって心地いいなあ
私も仕事に集中できそう！
Zzz…
ヤヨイ、リラックスしすぎにつき
締め切り間に合わず…!!

09 大型犬も小型犬もオシッコにかかる時間は同じ？

哺乳類の膀胱が尿でいっぱいの場合、**排尿にかかる時間は約21秒**であることをアトランタの科学者がつきとめました。これは体の大きいゾウでも小さいラットでも、オスでもメスでも変わらないそう。こんど愛犬の排尿時間を計ってみて！

いぬのほんね

ほとんどの哺乳類の排尿時間は約21秒なんだ

10 ウンチを食べる犬がいるのはどうして？

いぬのほんね

ウンチの放置は不衛生。便中の寄生虫が孵化して病気が広がる前に処分しなくちゃ

犬が食糞する理由に2018年、新説が発表されました。カリフォルニア大学の専門家の研究によると、食糞癖のある犬の85％は古いウンチではなく排泄後2日未満の新鮮なウンチを食すそう。このことから推測されるのは**食糞は野生時代から続く寄生虫対策かもしれない**という説です。

野生時代、犬の祖先は群れで暮らしていました。ふつうは巣穴から離れた場所で排泄して衛生をたもっていますが、おなかを下している個体などは巣穴のそばで排泄してしまうことも。そのまま放置しておくと、便中の寄生虫が数日後に孵化して感染症が広がるおそれがあります。**孵化する前に食してしまえば感染拡大のリスクを抑えられる**というわけ。賢い防衛術だったというのです。

食糞を防ぐためのサプリメントもありますが、同調査での成功率は0～2％とほぼ効果ナシ。自分のウンチを食べても健康に大きな害はありませんが、やめさせたいなら即、片づけるしか手はないようです。

11 犬は好きな人からおやつをもらいたがるの？

いぬのほんね

同じおやつなら北にあるほうが好きだなあ。なぜかって？　うーんなんでだろう…

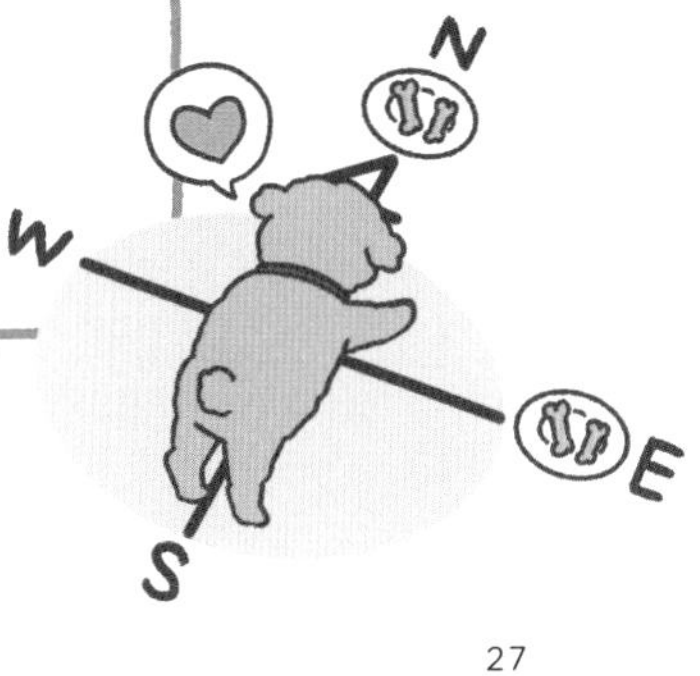

どちらも同じおやつで、おやつをくれる人がどちらも同じくらい好きだった場合、方角が決め手になっている可能性があります。**犬はなぜか北の方角にあるおやつを好む**という実験結果があるからです。これはとくにおやつが東と北の2か所に置かれた場合に顕著で、なかでも中・小型犬、メス犬、高齢犬、利き手（P.145）のある犬で、北側のおやつを好む現象が多く見られたそう。

犬には磁場を感じる力があり、排泄時は北南の地軸に体を合わせることが多いというのはP.19で述べたとおり。ほかに、シカは敵が近づくと敵の逆方向ではなく北か南に逃げることが多いというデータもあります。**動物にとって南北は「なんとなく安心する方角」**なのかもしれません。しかしそれなら南側のおやつが好かれない理由がわからず……。キツネは雪の中の獲物を捕らえるとき、北にジャンプすると成功率が高いそうですが、「とりあえず北に行っておけば間違いない」ルールでもあるのでしょうか？

N
W
E
S

12 横たわる前にくるくる回るのはなぜ？

ある実験によると、絨毯を平たく敷いた場所よりしわくちゃにして置いた場所のほうが、犬が横たわる前にくるりと回る行動が約3倍多く見られたそう。凸凹の場所ではよく回るということは、平らにならして快適な寝床を作っていたんですね。

いぬのほんね

地面を平らにならして快適な寝床を作ってるんだ

13 水浴び後のブルブルにはどのくらい効果があるの？

小型犬は1秒に6.8回、大型犬は4.5回も体を回して4秒で70％の水分を飛ばすことができるそう。アメリカの研究者がハイスピードカメラで撮影して明らかにしました。背骨は30度回るだけでも、皮膚は遠心力によって90度も移動するんだとか。

いぬのほんね

たった4秒のブルブルでほとんどの水をふきとばすよ！

14 人が歌うと遠吠えしだすのはなんで？

ぽんぽこぽこりん
リョウタ！なつかしいよねこの歌！
あぁ○△テレビの歌かー
子どものころよく歌ったよねー
ぽこぽこ
りんりん
たぬ体操～
ワオーン
モカさんも歌いはじめた！
たぬたぬぽこりん
ワフッアオーン
たぬぽこりん

いぬのほんね

遠吠えには絆を深める役割がある。好きな人が歌っていたら自分も声を合わせたくなっちゃうんだ！

オオカミの遠吠えには3つの役割があるといわれます。1つめはほかの群れを遠ざける役割。2つめは遠くの仲間とのコミュニケーション。仲間の遠吠えが聴こえた個体は自身も遠吠えをして「自分はここにいるよ！」と伝えます。

2016年発表のデータでは、**オオカミは種類によって遠吠えの音調が異なる**ことがわかったそう。Aの種は抑揚のない重低音、Bの種は抑揚ある高い声といった具合です。さらに個体によっても鳴き方に特徴があり、仲間は声を聴いただけで「アイツが鳴いているな」とわかるそう。遠くにいてもお互いが特定できるんですね。

そして3つめは**群れの絆を維持する役割。ともにいる複数の個体がいっせいに遠吠えします。**おもしろいのはそれぞれが異なる音程で鳴くこと。そのため「Chorus Howl（コーラスハウル）」（遠吠えの合唱）とも呼ばれます。犬があなたの歌に合わせて遠吠えするときは、絆を深めようとしているのかもしれませんね。

アオ～ホ～オ～ン

15 課題をクリアすると笑顔になる気がする

紙コップを使った
おもちゃを作った

おやつを入れて
紙コップをつぶす

カラ
カラ

中におやつが
入ってるよー

がんばれ

もうちょい

おっ

とれたーっ

モカさん
天才！

2013年発表の実験結果では、同じごほうびでも何も作業せずにもらうより、課題をクリアしたごほうびとしてもらうほうが喜びが大きかったそう。このときの課題は装置のレバーを押す、テーブルにあるボールを押しのけるなど頭を使うもので、知的作業の達成が喜びの感情を引き起こすことがわかります。ですから犬に何かを教えるトレーニングは、日々に刺激を与え、喜びをもたらすイベントとなりえます。

しかし、課題が難しすぎると逆効果。がんばればクリアできる程度の課題ならモチベーションは高まりますが、とうてい達成できない難しい課題だとやる気は下がってしまいます。「ヤーキーズ・ドットソンの法則」と呼ばれるもので、これは人間も同じ。反対に容易にクリアできる簡単すぎる課題でもモチベーションは上がりません。その犬にとってちょうどよい難易度の課題を、楽しい雰囲気で行うことが大切なのです。

いぬのほんね

何かが達成できたときは犬も「やった！」という喜びを感じている。人間と同じだよ

GAME CLEAR!

16 犬どうしのケンカって けっこう激しいんだけど…

あ
マロンちゃん こんにちはー
こんにちはー
モカさんは マロンちゃんが 大好き
ああっ モカ！
グイ
クンクン
フガ フガ
グイ
だめだよ そんなに しつこくしちゃ…
ハフ ハフ ハフ
ヴーーッ！
ガルルルルルッ
あっちいってよ！
あらマロン 大丈夫 でしょ？
すみません モカがしつこい から…

ほかの犬と仲良くできない犬は案外多いもの。2018年に発表された実験では、**犬はオオカミより仲間との仲直りがヘタ**だったそう。同じ環境で飼育されている犬とオオカミ、それぞれの群れを観察した結果です。

オオカミの群れでは敵対行動自体は多いものの和解行動も多く42％で見られ、多くが敵対したあと1分以内に仲直りをしていました。いっぽう犬は、敵対行動は少ないものの、いちど起きると激しいケンカになることが多く、その後の和解は23％しか見られなかったそう。

群れで狩りをする習性のあるオオカミは仲間とうまくやろうとする本能が備わっているのでしょう。いっぽう犬は人に依存して生きるようになったため**仲間とうまくやろうとする本能は薄れた**のだと推測されます。

別の実験では、2頭ずつで協力して綱引きすると肉がもらえるというテストで、オオカミの成功率24％に対し犬はたった0.4％。どうやら協力しあうという本能も薄れてしまったようです。

いぬのほんね

激しいし、いちどケンカしてしまうと仲直りするのはヘタクソかも…。仲たがいしても大きな支障はないしね

17 すぐ仲良くなれる犬となれない犬がいるのは？

こんにちはー
あっモカさん
今日もいい天気ですね
ルーク君て♪
はじめましてー
最近引っ越してきた山田といいますー
はじめまして
かわいいヨーキーちゃんですね
様子見タイムか？
えへへ
…
なかよくしようねー
…

2007年に発表された研究で、犬は嬉しいときはしっぽを右に、嫌な気持ちのときは左に多くふることがわかりました。これはポジティブな気分のときは左脳が、ネガティブな気分のときは右脳が活性化するためといわれます。右半身は左脳、左半身は右脳とつながっているからです。

さらに同チームは2013年、犬どうしも相手のしっぽの動きを読みとっていることを発表しました。しっぽを右側にふる相手を見た犬はリラックスし、左側にふる相手を見た犬は心拍数が上がるなどストレス反応を見せたのです。つまりしっぽは犬どうしのコミュニケーションの大切なツールというわけ。

そのため、しっぽが短い犬は犬どうしのコミュニケーションをとるうえでデメリットがあります。しっぽで気持ちを表しにくいので相手に気持ちを察してもらいにくく、警戒されたりケンカに発展したりしやすいというデータがあるのです。ほかの犬との接触は慎重にすべきでしょう。

いぬのほんね

しっぽを右にふる友好的な相手だとすぐに打ち解けられることが多いよ。しっぽの短い犬は見極めが難しいなあ

18 もともと肉食のはずなのに お米も好きなのはなぜ？

犬飼いたいなあ

あっ

コロ…

パクッ

ああっ

こらっ コテツ！ すみません

いや大丈夫ですよ

具なしでよかった…

うまい

ボクらもちょーだい

コテツパパ！ 落ちた米粒回収して！ ハンター2匹が狙ってる！

わかった！

もともとは肉食だった犬が雑食に変化したのは、**穀物を主食とする人間と暮らし始めたから**。「お肉じゃないと食べません」なんて贅沢はいっていられず、お米や小麦で腹を満たさないと人と一緒には生活できなかったのです。つまり人と暮らすうちに食性まで変化したというわけ。なかには穀物をうまく消化できなかった犬もいたかもしれませんが、人間は穀物を食べても平気な犬を選んで繁殖していったのでしょう。結果、現在の犬は穀物も十分消化できるように。**犬のデンプン分解力はオオカミの5倍ある**とされています。

ちなみに遺伝的にオオカミに近いといわれるシベリアン・ハスキーやサモエドのデンプン分解力は犬のなかでは低いほう。つまり、はじめは最低限のデンプン分解力だったのが、家畜化（人が飼い慣らすこと）が進むにつれじょじょに高まっていったようです。ただし動物性タンパク質をとらなくてよいわけではもちろんなく、ひと昔前の「味噌汁ぶっかけごはん」などでは栄養不十分で体を壊すので念のため。

いぬのほんね

オオカミ時代は肉食だったけど人に飼われるようになってからは穀物を食べられないと生きていけない！

肉じゃなくてもOKっす!!

マジ??

19 犬は多産だけどちゃんと育てられるの？

世界記録
す…すごい
一度に24匹出産!?
1匹でも大変なのに…
DOG MAGAZIN

24人の子…
おぎゃー
おぎゃー

はー母犬さん尊敬するわ
私には無理かな
？
そもそも姉ちゃん独身だろ
DOG MAGAZIN

あるデータによると出産数の平均は5.4頭だそう。犬の乳首は通常8個なので、9頭以上だとお乳にありつけない子が出てしまいます。しかし9頭以上の出産もしばしばあり、記録では一度に24頭産んだ犬が！　飼い主さんはしばらく子犬のお世話に明け暮れたそうです。

2016年に発表された調査によると、母犬が子犬をなめる、授乳するなどの養育行動は出産数が少ないときは多く、出産数が多いと減るのだそう。そしてたくさん養育行動を受けた子犬は、あまり受けなかった子犬より社会性があり恐怖に強い犬に育ったといいます。

同様の結果はほかの実験でも出ています。まめに世話をする母親に育てられたラットは、ずぼらな母親に育てられたラットよりも情緒が安定しますし、母親との接触がなかったサルはおびえやすく、攻撃的になります。つまり母親のお世話の量によって子どもの情緒が変わるということ。とはいえ、24頭もいたらお世話が行き届かなくてもしかたない気がしますね……。

いぬの
ほんね

子どもが多すぎると母犬のお世話は減るみたい。あまりお世話されなかった子犬は情緒不安定になるとか…

20 犬に育てられた猫は犬みたいに育つのかな

吉田さんのお宅では
捨て猫だったミーちゃんを
先住犬が育てているそうです

まーかわいいい！

どんな猫に
育つんだろうな

もしかして
犬に育てられた
猫はしぐさも
犬っぽく…

猫なのに犬語しか
しゃべれなくなって
しまうのでは…!?

ワォン
ワフッ

犬語ってなんだよ

犬が子猫を育てたり、猫がオオカミの赤ちゃんを育てたり。異種の赤ちゃんを育てる動物の微笑ましいエピソードをときどき耳にします。しかし、困った面もあります。幼少期に自分と同種の動物がまわりにいないと、**「自分は親と同じ種」と思い込んでしまうのです**。子どもは親を見て育ちます。犬に育てられた猫は犬と同じような行動をとり、片足を上げて排尿することさえあるといいます。

さらに困るのは性成熟後。**「自分は犬」と思い込んでいる猫は、犬に求愛しはじめます**。叶わぬ恋をしてしまうのですね。

この大きな勘違い、メスは軌道修正が効いてもオスは効かないよう。こういう実験結果があるのです。子ヤギを羊に育てさせます。性成熟するとオスもメスもやはり羊を好みました。が、ヤギ（同種）と数年暮らすうちにメスは同種を好むようになったそう。しかしオスヤギは生涯、メス羊に求愛し続けたのだとか。オスは一度思い込むと融通が利かないのですね……。

いぬのほんね

まわりに犬しかいない環境で育つと「自分は犬」と思い込んで犬のような行動をとったりするよ

マタタビより愛してる

21 親子は性格も似るの？

こんにちはー
あ、モカくんママ　こんにちは

イヤイヤ発動中ですね
アハハ
そうなのよー

親子で動かなくて
かえりたくないわよねぇ
うん
じっ…
毎回こうなるのよ
母・チャーシュー
息子・トンコツ

またねーっ
やっぱり親子は性格も似るのかな…？

性格は先天的要素（遺伝）と後天的要素（環境）によって決まるといわれます。いわゆる〝氏と育ち〟と呼ばれるものですが、犬に関しては「訓練のしやすさ」や「見知らぬ人への攻撃性」、「追跡衝動」などは〝育ちより氏〟の可能性が高まりました。

アメリカで101犬種・14000頭以上の犬の行動データと遺伝データを調べた結果、これらの行動特性を作っている遺伝子型が見つかったのです。例えばゴールデン・レトリーバーの訓練のしやすさや、ラブラドール・レトリーバーの穏やかさ、シベリアン・ハスキーの追跡衝動の強さなどは遺伝子で決まっており、多少の個体差はあれど大差はないということ。一緒に暮らす親子なら環境も同じなので、なおのこと似てくるでしょう。

人間でもIQや学業の成績は6～7割が遺伝するという説や、一卵性双生児の性格は58％の確率で似通るというデータから、遺伝と環境は50：50ではなく、遺伝のほうが影響が強いといわれています。

いぬのほんね

性格の大半は遺伝で決まるから似ていてもふしぎはない。一緒に暮らしているならなおさら！

22 言葉がなくても愛犬の要求がわかってしまう

ちゃんっ
ちゃん

はいっお水
空でしたね

チラ…

はいっ遊んでほしいんですね！

カリ
カリ

はいそっちへ
行きたいんですね!?

ばあやか
私は…

犬の考えてることは
けっこうわかる

犬はさまざまなしぐさで自分の要求を人に伝えようとします。2018年に発表された研究では、犬は飼い主に自分の要望を伝えるために、少なくとも19種類のしぐさを使いこなしていることがわかりました。仰向けになる、後ろ足だけで立つ、おもちゃをくわえて放り投げるなどのしぐさで、「食べ物をちょうだい」「ドアを開けて」「おもちゃを取って」などの要望を人に伝えているのです。犬の要望を飼い主がすぐに汲みとれなかったときは、犬は何度もそのしぐさをくり返すのだそう。

ただし、どのしぐさで何を要求するかは犬によって異なっています。例えば体をかいてもらいたいとき、ある犬は飼い主の脚に鼻を押しつけ、ある犬は仰向けになるといった具合。複数のしぐさを組み合わせる例も多かったそう。

おもしろいのは、同居している人が多いほど犬のしぐさのレパートリーも増えること。人との交流が多いほど学ぶ機会が増えるということでしょう。

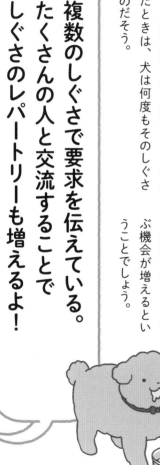

いぬのほんね

複数のしぐさで要求を伝えている。たくさんの人と交流することでしぐさのレパートリーも増えるよ！

ごはん！

キホンのキ 1

ランゲージの読みとり方を知りましょう！

自信があって強気のときは重心が高くなります。 自信がなく弱気のときは重心が低く、 腰が引けてきます。	**姿勢**

強気

前のめり

自信 100%

足をまっすぐ伸ばし**堂々とした姿勢**。目や耳は相手に向け、しっぽも高く上がります。

引き気味

自信 50%

自信がなくなると重心が下がり、腰が引けてきます。しっぽも下がってきます。

伏せる

弱気

自信 20%

弱気のときは自分を小さく見せます。しっぽは完全に下がり股の間に巻き込みます。オシッコをもらして「か弱いアピール」をすることも。

知りたい！

犬のほんねの

犬のほんねは体に表れます。まずはボディ

耳	立ち耳は動きがわかりやすいですが、 垂れ耳もよく見るとつけ根部分が動いています。

ピンと前に向ける

強気のときや何かに**集中しているとき**は耳は前方を向きます。

あちこち傾ける

音源を探したり、**落ち着かない気持ち**のときはあちこちに耳を動かします。

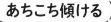

後ろに寝かせる

弱気で臆病な気持ちになっているときは耳をペタリと寝かせます。頭の位置も低くなります。

目	目は心の窓。視線やまぶたの開き方に 気持ちが表れます。

目を開いてじっと見つめる

集中していたり興奮しているとき。嬉しいと顔が上向きになるので光が入って目がキラキラします。

目をそらす

犬にとってじっと相手を見つめることは、親しい間柄でないと**「威嚇」のサイン**になります。そのため争いたくないときは目をそらします。

目をつぶる

相手と目が合ったときに目をつぶる、細める、まばたきを多くするなどは**ストレスを感じている証拠**。「こちらを見ないで」というサインです。

口

緊張が高まると口を閉じ、
リラックスすると口元がゆるんで開きます。

緊張

リラックス

緊張・警戒

ギュッと口元を閉じるときは緊張感や警戒心のあるとき。周りの動向に集中しています。

威嚇（その他）

相手を威嚇するときは鼻の上にしわを寄せ、犬歯をむきだします。

不安

そこまで緊張していないけれどご機嫌でもないとき、**口は半開きの状態**に。

ご機嫌

口元をゆったりゆるめるときは気分上々♪

緊張をほぐす（その他）

緊張をほぐすためにあくびすることも。気を許していないので目は開いたままのことが多し。

リラックス・期待

瞳も輝き笑顔に見える表情。舌を出してドッグラフと呼ばれる呼吸をすることも（P.62参照）。

開く ⟷ 閉じる

2章

かわいいのには ワケがある

23 子犬ってどうしてああもかわいいの？

モカさんはいまも十分かわいいけど

子犬のころは最強にかわいかったよなー

だって人間でいえばこのころは小学生か中学生でしょ？

はじめておうちきた日

そりゃかわいいに決まって…

モカさんはいま5歳

人間でいえば中年…

えー

かわいいって?

おて

もう中年

なんですよ

見た目はかわいいがじつはおっさん

アラフォーになってもかわいい男性アイドルみたいな!?

絶対また変な妄想してるな

？

犬は大きくなってもかわいいものですが、子犬のかわいさには破壊力がありますよね。最近アメリカで行われた実験で、月齢の異なる子犬の写真を見せてそれぞれの魅力を評価してもらったところ、**生後6〜8週の子犬がもっとも魅力的**という評価だったそう。

研究チームはこれを**人間の擁護を受けるための生存戦略**と仮説しています。子犬は生後6〜11週で離乳して親元を離れる時期を迎えますが、あるデータではこの時期の子犬はもっとも死亡率が高いとされています。運よく人に飼われることになった子犬は生き延びることができますが、それ以外は高い確率で死亡するというのです。つまり、**この時期の子犬は人の保護を得るためにもっともかわいくなる**のだという説が導きだされるわけです。

花が美しいのは虫に花粉を運んでもらうため。クジャクのオスが美しいのはメスに選んでもらうため。美しさやかわいさには、すべて理由があるのですね。

いぬのほんね

人の保護を受けるための生存戦略。大きい目や丸い顔、短い足などで「守りたい」と感じさせるんだ！

24 おとなになっても変わらず かわいいのはなんで？

中身は中年男のモカさんだが

わートイプーだ

まだ小さいですよね？

知らない人には子犬に間違われることもある

何歳ですか？

もう5歳です

ホホホ…

えっじゃあ人間でいうと…

そう、中年のおっさんです

えーまだ子犬だと思った！

こんなにかわいいのに！

ピクッ

ここぞとばかりにかわいいアピールしてる…！

サッ

心は永遠の少年である

いぬのほんね

子どもの特徴を残したままおとなになる「ネオテニー」という現象が起きているんだ

野生の哺乳類には、いつまでも子どものようなかわいさをもち続ける種はいません。例えば同じイヌ科のオオカミやキツネは子どものときは子犬と見まごうばかりのかわいさですが、おとなになると野性的で鋭い顔つきになります。おとなになってもかわいらしいのはネオテニー（幼形成熟）と呼ばれる現象で、家畜化（人に飼われ管理されること）された動物に多く見られます。

なぜネオテニーが起こるかは解明されていませんが、ネオテニーは知能の高さに貢献しているという説があります。幼年期は脳の発達期間であり、幼年期が延びるとそのぶん脳もよく発達するというわけ。犬はおとなになってもよく遊びますが、これもネオテニーの特徴で、子どものような好奇心をもち続けている証拠です。

ちなみに人間にもネオテニーが起きているといわれます。人間が現代のようにさまざまな文化や科学を発達させたのは、好奇心をいつまでももち続けた結果ともいえます。

永遠の少年ですがなにか

25 哀れっぽく鳴くのはわざと？

人間の耳は人間の赤ちゃんの泣き声を敏感にキャッチします。大切な子孫を危険から守るためには当然の機能です。

しかし敏感なのは赤ちゃんの泣き声に対してだけではありません。哺乳類の悲しみの鳴き声はいずれも周波数が近く、犬の悲しみの声にも人間は敏感です。いかにも哀れっぽくクンクン鳴く声を無視できる人は少ないでしょう。オットセイの子どもの鳴き声にメスのシカが反応して駆けよるといった例もありますから、子どもの悲しみの声は種を問わず注意を引くもののようです。

ちなみに犬は猫よりも人間に悲しみを伝えるのが得意なよう。500人以上の人間にヘッドフォンで犬猫の鳴き声を聞いてもらい、悲しみの度合いを評価してもらったところ、猫よりも犬のほうが強く悲しんでいると感じる人が多かったのです。これは、人間と犬がともに暮らしてきた歴史が猫より長く、人間と犬の絆は猫とのそれより深いためと推測されます。

いぬのほんね

人は犬との絆が深いから、犬の悲しみを敏感にキャッチするんだ。反応すると犬は学習してくり返すけどね

26 哀れっぽい表情をするのはわざと？

新しいおやつ気に入った？

ちょーだい ちょーだい

これ以上はだーめ

パタン

夕飯食べられなくなるでしょ？ また明日ね

クゥ〜〜〜ン

うっ…

伏せしながら見上げる攻撃…っ

じっ…

情に流されてはだめよヤヨイ…！

人がもっとも心惹かれる犬の表情は、楽しげな表情ではなく、上目遣いの悲しげな表情のようです。イギリスの動物保護施設で、愛嬌のある犬よりも悲しげな表情を作る犬のほうが早く引き取られることがわかったのです。明るい犬より悲しげな犬のほうが「守ってあげたい！」という人の庇護欲をかきたてるのでしょう。

悲しげに見えるのは眉間を上げるから。すると瞳が大きく見え、子犬のようなかわいらしさが演出できます。人間も悲しいときや困ったときによくする表情ですよね。じつはこの表情を作る目の上側の筋肉は、オオカミにはほとんどありません。つまり犬は人にかわいいと思われるように目の上の筋肉を発達させたのだと推測できます。

さらにこの悲しげな表情、人が見ているときは頻繁に見せることが実験でわかっています。つまり、人がこの表情に弱いことをわかってやっているのです。ううむ、あなどれません。

いぬのほんね

人間が一番胸キュンしちゃうのは困り眉の悲しげな表情だってわかっててやってるんだ！

27 「かわいい」という言葉を聞くと必ず反応。ナルシスト…？

愛犬にしょっちゅう「かわいい」と言っていれば当然、名前と同様に自分に関係している言葉と覚えます。なでたりおやつをあげたりしながら発していればなおさら「いいことが起きるコトバ」と認識。反応するのは当然なのです。

いぬのほんね

ナルシストじゃないよ！飼い主さんがよく言うコトバだから覚えたの

28 首をかしげるしぐさ、かわいいとわかってやってる？

もともとは左右の目や耳の高さを変えることで、ちがう角度から対象を見たり音源を確かめるためのしぐさです。ただし、このしぐさをしたときに人が喜ぶことを知った犬は「これはウケル」と覚えてたくさんするようになることもあります。

いぬのほんね

角度を変えてものを見る・聴くためのしぐさ。だけど「ウケル」からやる犬も！

29 犬も笑うよね？

モカ！ お土産、新しいおもちゃだぞ

ほれ とってこーい

犬って確実に笑うよな

とってきた！

ね

リラックスすると口元の筋肉がゆるみ、自然と口が軽く開き、笑顔に似た表情になります。ちなみに、犬が遊んでいるときだけに出すハッハッという呼気は「Dog Laugh」（犬の笑い声）と呼ばれ、ほかの犬を落ち着かせる効果があるんです。

いぬのほんね

楽しいときは口元がゆるんで人の笑顔に似た表情になるよ

30 怒られそうになるとテヘペロするんですが

人の怒った顔を見た犬は、舌で口元をなめるしぐさをよくすることが、2017年のイギリスの実験でわかりました。これはストレスを感じたときに自分や相手を落ち着かせるためのカーミングシグナル（転位行動）の一種です。

いぬのほんね

ストレスを感じると口元をなめて落ち着こうとするんだ

31 人の目を意識して行動しているような?

モカさーん

おいしいワンコ用手作りおやつができたわよ〜

あなたが犯人だったのね!?

豆腐屋の大豆丸!

フリ。

そうさ犯行の凶器は豆腐だったのさ!

ピタッ

よーしモカ食べる?

おまたせ〜

省エネ…

フリフリ

2017年、イギリスの大学が発表した実験では、そばにいる人が犬を見ているときと背を向けているときでは、前者のほうがしっぽをふる、鼻先をなめる、かわいい表情をするなどのしぐさをたくさん行うということがわかりました。かわいい表情とはP.59の眉間を上げた悲しげな表情、人間がキュンとなる顔のことです。

別の実験では、飼い主が見ているときは「伏せ」や「待て」をしっかり行う犬も、飼い主が背を向けたり部屋から出て行くとコマンドを無視してその姿勢をやめてしまうことが多かったという結果も。「人が見てないからさぼっちゃえ」という感じでしょうか。

ほかに、人と同じ部屋にいて「待て」をしていても、照明が暗くなったとたん盗み食いする犬が多くなるという実験結果もあります。「だって盗み食いしても暗いからバレないでしょ?」というわけ。いやはや、犬は人の視線をしっかり意識して行動しているのですね。

いぬのほんね

そのとおり。人間が見ているときはしっぽをふったりかわいい顔をたくさんして気を引くんだ

32 人へのおねだりがうますぎる！

犬の祖先はオオカミといわれています

じっ

このエモノを仕留めるオオカミが

やがてモカになったのかぁ

パスッ

お手しましたよ？くれる…？

くれる…？

…こっちはだめだから犬用あげるね

進化ってすごいなぁ

犬の祖先はオオカミの一種。しかし、オオカミの行動をそのまま犬にあてはめることはできません。2017年発表のアメリカの実験では、**オオカミは犬に比べて人を見つめたり人に頼ることが少ない**ことがわかっています。実験に使われたオオカミと犬は、どちらも幼いころから人間に飼育されてきた個体ですから、これは環境の差ではなく種の特性といえるでしょう。

さらに実験チームはオオカミと犬の遺伝子を解析し、**ある遺伝子の変異が犬の人なつこさに関わっている可能性**をつきとめました。興味深いことに、同じ遺伝子の変異は人間の遺伝子疾患である「ウィリアムズ症候群」でも見られます。ウィリアムズ症候群の人は警戒心が少なくとても人なつこいという特徴があります。同様の変化が犬の進化の過程で起きたということなのかもしれません。

ちなみにこの研究者の愛犬はマーラという超人なつこいメス。マーラの人なつこさが研究動機のひとつだったそうです。

いぬのほんね

人の目を見つめておねだりするのはオオカミから犬へ進化するときに得た技。人を頼るのは得意なんだ！

近っ

ください

33 犬がかわいすぎて食べちゃいたくなります

モカさんは
かわいいねぇ

ぱくっ

お母さん!?

ああ…ごめん
ときどきモカが
かわいすぎて
食べたくなっちゃうのよね

母、恐るべし

人間の赤ちゃんや子犬など、すごくかわいいものを見ると力いっぱい抱きしめたくなったり、食べちゃいたくなる衝動を覚えませんか？　これは「Cute Aggression」（かわいいものへの攻撃性）と呼ばれる反応です。

　赤ちゃんや子犬などをかわいいと感じる理由は「ベビースキーマ」。ベビースキーマとは大きな瞳や広い額、丸い顔、頭身の短さなど幼い生き物共通の特徴で、これを見るとおとなは本能的に「守ってあげたい」という気持ちになります。

　アメリカの実験では、ほどほどにベビースキーマをもつ動物よりも、とくにベビースキーマをもつ動物を見たときのほうが攻撃性がわくことがわかりました。研究者はこれを「かわいすぎて暴走する脳の報酬系を調節するための機能」という仮説を唱えています。かわいすぎて放心してしまうと世話ができないので、攻撃性という正反対の感情をわかせて我に帰らせようというわけです。人の心はおもしろいですね。

いぬのほんね

かわいすぎるものを見ると なぜかいじめたくなる感情がわく。 それは脳の調節機能なんだ

34 怖いとき、すぐに飼い主のそばに来るのはダメ犬？

ドッグランに遊びにきた
ほらモカ遊んどいで～

びくっ
ども
あ…あ…

ぴゅ～っ
あれ？

あら～っ
ああ…戻ってきちゃった
メンタル弱いな…

犬と飼い主の関係は、人間の親子関係と似たものといわれます。子どもは不安なとき親の後ろに隠れますが、犬もまったく同じ。犬にとって飼い主は心のよりどころなのです。

人間の母子を対象にしたこんな実験結果があります。母親が子どもに安定した愛情を注ぎ、子どもにとっての安全基地となっている関係では、母親がそばにいると子どもは安心してたくさん遊ぶのです。ほかの子どもと遊びながらも、定期的にふり返って母親の存在を確認する子どもがまさにそれ。同じように、犬も信頼している飼い主がそばにいると見知らぬ場所でもたくさん遊ぶことが実験でわかっています。

いざというときに逃げ込める安全基地があればこそ、新しい世界にも臆せずチャレンジできるもの。そうした安全基地をもつ子どもは健全に成長し、情緒が安定するといわれます。犬の場合も飼い主が絶対的な安全基地となることが情緒安定につながるでしょう。

いぬのほんね

怖かったら飼い主さんのもとに帰れると思うからこそ、新しい世界にもチャレンジできる。優しく見守ってね

35 飼い主とその犬は似た者どうし?

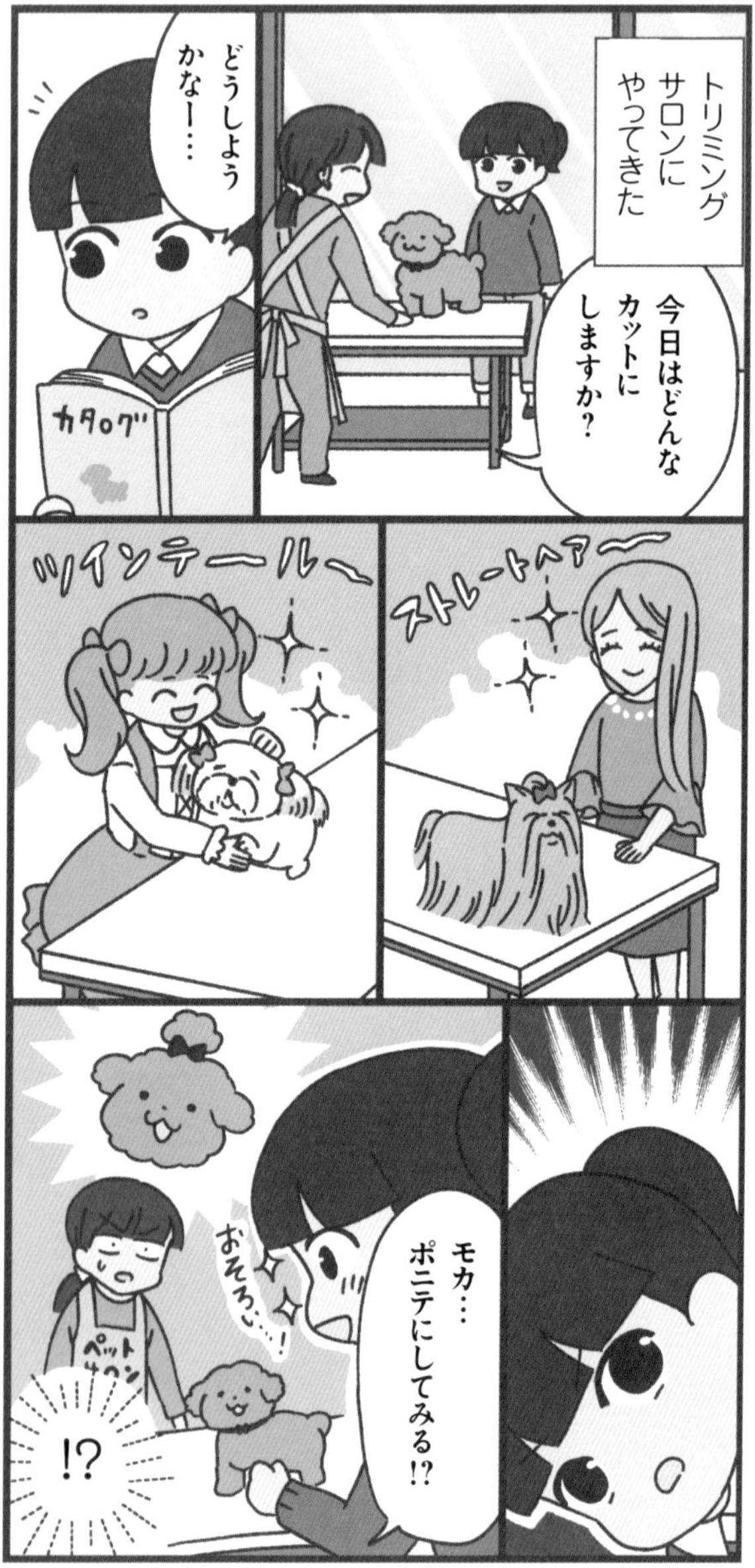

トリミングサロンにやってきた

今日はどんなカットにしますか?

どうしようかなー…

カタログ

ストレートヘア〜〜

ツインテール〜

モカ…ポニテにしてみる!?

おそろ…!

!?

人間は見慣れたものに親しみを感じます。はじめは何とも思っていなかったタレントでも、テレビなどで何度も見るうちに好きになることはありませんか？　これを「単純接触効果」といいます。

人間にとって、もっとも見慣れている顔といえば自分です。**カップルはなぜか似た者どうし**の傾向があることがわかっていますが、それは自分に似た相手を好きになるから。これを動物学では「同類交配」といいます。

これは飼い犬にもあてはまります。**人は自分と似た犬を選ぶ傾向がある**のです。イギリスの女子大生を対象に行った調査では、長髪の人は垂れ耳の犬を、耳が見える短髪の人は立ち耳の犬を好むという結果が出ていますが、これも自分に似た犬を好むため。

長い年月をともに過ごした夫婦は、新婚当初より互いに似てくるというデータもあります。愛犬との暮らしが長くなればなるほど、ますます似た者どうしになっていくのかもしれませんね。

いぬのほんね

人間は自分と似た相手を好きになる。毛の色や長さ、顔型までそっくりな飼い主と犬がいるのはそのせい！

ふたご…？

36 ビビリな私と飼い犬。性格も似るの？

カサカサ。。
ひぇえええ
助けてーっ
Gが出た！
オラ
どいた
オラ
どいた
ああっ
Gが…
よう
犬っころ
モカさんの
ほうに…！
倒してくれ！
モカさん！
戦うまでもねぇ
キャオオオオ
ヘタレか!!

子犬は母犬が怖がるものを自分も怖がるようになります。初めて見たものでも、母犬が怖がっているんだからきっと避けたほうがよいのだろう、と考えるわけです。

これは「社会的参照」といい、他者の行動や表情を判断の手がかりにすること。この社会的参照は、飼い主に対しても起こります。新奇なものに対して飼い主が肯定的な反応をすれば、犬はそれに近づくなどの行動を見せます。逆に怖がるなど否定的な反応をすると、犬はなかなか近づかないという実験結果があるのです。

ほかに、アメリカで1681頭の犬とその飼い主の性格を調べたデータによると、社交的で明るい人は活発な犬を、繊細な人は怖がりな犬を飼っている傾向があったそう。これについて専門家は「社交的な人は犬をよく連れ出す。すると犬は社交的になっていく、というように人が犬の性格を作り上げていく面がある」と語っています。

いぬの
ほんね

飼い主が怖がるものは犬も怖がる。飼い主の好みや性格が犬の性格に影響を与えるんだ

ハッ
ハッ

今泉先生の
フムフム
課外授業

大型犬のほうが短命なわけ

ペット保険のアニコムの統計（2019年）によると、犬の平均寿命は14歳。しかし30kg以上になるゴールデン・レトリーバーの平均寿命は11.1歳、50kgにもなるバーニーズ・マウンテン・ドッグは9.3歳と、大きくなるほど寿命が短いことがわかります。

同じ種内では体が大きいほうがなぜか短命です。理由はさまざまな説があります。心臓などの器官は小型犬でも大型犬でもさほど変わらず、大きな体に血液を運ばなくてはならない大型犬は心臓の負担が大きい、同じ期間でよけいに成長しなくてはならないぶん早く老化する、老化や病気をもたらすフリーラジカルが大型犬には多く発生し老化が促進されるなど。

ここ10年で犬の平均寿命は0.7歳延びました。人間でいえば3～4歳延びた計算です。ここ10年の日本人の平均寿命の延びが約2歳なのを考えると犬のほうが大きな進歩。今後の獣医療の発展で、愛犬ともっと長く一緒に暮らせる日々がくることを願ってやみません。

3章

犬はすごい、犬は天才

37 人が指さしたものをちゃんと選ぶのはなぜ？

モカさん
おやつ
どーっちだ？
こっち
…はずれ
もう1回
どーっちだ
モカさん
こっちだよ
こっち
正解——っ！
ウチの子、天才〜〜っ
あれは当たったことに
していいのかしら？

人が指さしたものを見たり、選んだりする。一見当たり前のことのように思いますが、じつはこれは特殊な能力です。犬より知能が高いとされるチンパンジーも人の指さしを理解できますが、その確率は犬より下。またオオカミの子どもに指さしを理解させる実験では、くり返し訓練を積んで11か月齢までかかりましたが、犬は訓練なしでわずか9週齢で理解できたのです。

訓練がなくても理解できるということは、この能力は生まれつきのもの。犬は人と暮らしていくうちにこの能力を得たと考えて間違いないでしょう。

ロシアでは1959年からキツネの選択繁殖実験が行われています。群れのなかで人なつこい個体とそうでない個体を選び、世代を重ねて見た目や遺伝子の変化を調べる実験です。数十世代を経た現在ではキツネはまるで犬のように人なつこくなり、やはり人の指さしを理解できたそう。人なつこさと指さし理解力はどうやら関係があるようです。

いぬのほんね

人の指さしを理解する能力はピカイチ。人と一緒に暮らし、人のために働く犬には欠かせない能力だよ

38 誰が信用できる人間か見抜いている気がする

どーっちだ

また やってるの？

右手よ モカ

おやつ どっちか 遊びか

たぶん 左手だぞ モカ

……

じーっ

右手！

ポスッ

おおお〜〜 正解〜〜！

きゃっ

きゃっ

こういう実験があります。４つの容器のうちのどれかにAさんが犬のおやつを入れます。犬はAさんの顔は見えますが、手元は衝立（ついたて）で隠されていてどの容器におやつを入れたかわかりません。その後Bさんが部屋に入り、衝立を取り除きます。AさんとBさんは同時に異なる容器を指さします。すると犬は高確率でAさんが指さした容器を選ぶのです。つまり犬は「Bさんは部屋にいなかったのだから、おやつのありかを知っているわけがない」と考えたのです。

ほかにこういう実験も。おやつの入った容器と空の容器を用意し、はじめはおやつ入りの容器を指さします。その容器を選んだ犬はおやつを与えられます。つぎに、空の容器を指さして選ばせます。犬はおやつを得られません。最後に再びおやつ入りの容器を指さすのですが、ほとんどの犬は人の指さしを無視してもう一方の容器を選んだのです。つまり２回目の指さしでウソをつかれたので「コイツは信頼できないやつ」と考えたわけ。犬の洞察力、甘く見てはいけませんね。

いぬのほんね

誰が事実を知っているか状況から推測することができるし、ウソつきは見抜いて信用しないよ

は
知らないはず…

39 雷はやっぱり大の苦手？

雷が苦手な犬は多いよう。とどろく雷鳴はもちろんのこと、犬の場合、急激な気圧の変化や磁場の乱れ、体に溜まる静電気にもストレスを感じているという説があります。

ところで、2008年に「雷鳴を聴いたとき犬は左耳を優先的に使う」という実験結果が発表されました。犬の両側にあるスピーカーから同時に雷鳴を流すと、左側を向くことが多かったのです。つまり左耳を優先的に使ったということ。左耳につながっているのは右脳ですから、雷鳴は右脳で処理していることになるというのです。

P.37で、ポジティブな気分のときは左脳が、ネガティブな気分のときは右脳が活性化すると述べましたが逆もしかり。ポジティブな情報は左脳で、ネガティブな情報は右脳で処理するといわれます。ほかにも、人間の恐怖の叫び声や泣き声には左耳を、笑い声には右耳を優先的に使う傾向が見られました。愛犬の顔の向き、要チェックです。

いぬのほんね

人間より感覚が鋭いからさまざまなストレスを感じちゃう。顔を左側に向けたら恐怖を感じてるよ！

40 犬は人の表情を見分けることができる？

2015年に行われた実験で、犬は**人の笑顔と怒り顔を見分けられる**ことがわかっています。実験では画面に人の顔をつぎつぎ映し、グループ1の犬は笑顔が、グループ2の犬は怒り顔が出てきたら鼻でタッチして回答。どちらのグループも高い正解率でした。おもしろいのは、グループ2のほうが実験に3倍近い時間がかかったこと。もしかすると「怒った顔には近づきたくない」という心理が働いたのかもしれません。

また別の実験では、人の顔を見るとき顔の左側（人からすると右側）をよく見る傾向が見られました。これは「Left Gaze Bias（レフト ゲイズ バイアス）」と呼ばれるもので、人間にもある現象。向かって左側の視野は右脳で処理されますが、**顔の表情や特徴の判別を行うのはおもに右脳のため、左側に焦点を当てる癖が出やすい**のです。ただし犬に犬の顔を見せても、それほど「Left Gaze Bias」は起こらないそう。「人間にはしっぽがないから、顔から感情をたくさん読みとらなくちゃ」ということかも？

いぬのほんね

とくに笑顔を見分けるのは得意。飼い主さんの表情を読みとるのは犬にとっては大事なことなんだ！

41 犬笛に鋭く反応するのはどうして？

モカさーん

そろそろ帰ろうよー

犬笛で呼び戻そうぜ

なぜ持ってる…？

彼女と牧場行ったとき犬笛で動くコリーがかっこよくてさ

影響されて買ったのか…

ピイイイイ

!!

…なにあの人ピーって…

わからん…

カァァ…

それ…犬笛吹いたら戻るってしつけしてないと意味ないんじゃないの？

ピアノの鍵盤で一番高い音は8オクターブ目のド。なぜここまでしか鍵盤がないかというと、これより高い音は人には耳障りな高周波か、聴こえない超音波だからです。ところが犬は12オクターブ目のドあたりまで聴こえることが実験でわかっています。つまり超音波が聴こえるのです。

犬笛は超音波が出せます。超音波は犬には甲高く響いて聴こえるため、牧場などで利用されています（実際には人も聴こえる範囲の高音で犬笛を使用することが多いようです）。

また、小さな音を聴きとる能力も優れています。人間が聴きとれるのは0dBまでですが、犬は高周波なら0dBの1/3の音量でも聴きとることができます。嗅覚のよさはいわずもがなですが、聴覚も犬はすばらしいのですね。

一説によると、犬がリラックスしている姿を見て癒やされるのは、人間より感覚の鋭い犬がリラックスしている＝いまは安全という証拠だから。犬の感覚の鋭さに人は助けられてきたのですね。

いぬの
ほんね

超音波が甲高く響くから際立って聴こえるんだ。高い音なら人には聴こえない小さな音量でもキャッチするよ

42 自分の名前を呼ばれたら必ずわかるもの？

こんにちはー
リョウタの彼女
カナコ
ワン
ワン
このーっ
だれだー
でてけーっ
あ、この子が
モカさんだね
モカさん
はじめ
ましてー
モカって
いった!?
かわい〜〜
女好きめ…

犬は自分の名前なら、赤の他人が発しても聴きとることができます。「そんなの当然では?」と思うかもしれませんが、これが確認されたのは2019年のことなんです。

実験は、複数の人が同時に話すノイズのなかに、その犬の名前を呼ぶ声と、さらによく似た名前を呼ぶ声を重ねて聞かせるというものでした。声は皆まったくの他人です。スピーカーは2つありますが、犬の名前を呼ぶ声はどちらか1つから流れます。

すると、自分の名前を聞いた犬は高い確率で名前を流した側のスピーカーを見つめたのです。つまり犬は、自分の名前を音だけで認識できるということ。名前を呼ぶ人の身ぶりや視線を手がかりに反応しているわけではなく、さらに飼い主の声や口調でなくとも認識可能ということがわかったのです。

この実験では同時に、犬にもカクテルパーティー効果があることを示しています。騒音のなかでも自分の名前を聴きとる能力は人間の1歳児にも見られますが、それは1歳児より犬のほうがすぐれていました。

いぬのほんね

会ったことのない他人から名前を呼ばれてもわかるよ。雑踏のなかでも聴き分けられるんだ

I am MOKA

43 ものの名前をどれくらい覚えられるの？

モカさん
ボールは？
ピクッ
よーしモカ天才！

動画投稿してみようかな～
すごいね～
姉ちゃん…
上には上がいた
ス…

YauTube
FIND SEAL
トコトコ
INKY
パッ

ぬ…ぬいぐるみの名前を覚えている!?
すげぇ…
モカの動画デビューは見送りとなった

マンガに登場するのは実在の犬です。チェイサーというボーダー・コリーで、心理学者ジョン・ピリー氏の飼い犬。チェイサーは**1022個ものおもちゃの名前を覚えました。**「○○を持ってきて」と言うと、ちゃんとその名前のぬいぐるみやボールをくわえてくるのです。こんな数、人間でも覚えられるかどうかわかりませんよね。

さらにイギリスの実験では、犬は**人どうしの会話を聞くだけでもものの名前を記憶できる**ことがわかりました。実験では犬の前で2人の人間がおもちゃを持ち、おもちゃの名前を発しながら会話。その後犬に「○○を持ってきて」と言うと、ちゃんとそのおもちゃを持ってくることができたのです。

ちなみに冒頭のチェイサーは短い文章も理解できました。「to frisbee take ball」（フリスビーのところにボールを持って行って）など、**前置詞・名詞・動詞からなる文を理解してそのとおりに動けた**のです。

いぬのほんね

1000以上の単語を覚えた犬もいる。人の会話を聞くだけで単語を覚えたり文を理解するスーパードッグも！

これはMEOW

44 おざなりにほめると満足してくれません

犬は左脳で単語を、右脳でイントネーションを理解しているという研究結果が2016年に発表されました。これは人間が言葉を理解するときとまったく同じです。

　そのため、ほめ言葉を感情のない平坦な口調で言ったり、無関係な言葉をあたかもほめているような口調で言っても、単語とイントネーションが一致せず喜びに結びつきません。ほめ言葉を賞賛の口調で言ったときだけ、犬の脳の報酬系が活性化しドーパミンが分泌され「嬉しい」と感じていることが、MRI装置による実験でわかったのです。つまり犬は本気でほめているかどうかわかるのです。P.85のとおり人の表情も見分けられますから、笑顔でほめるのも大事でしょう。

　ちなみに、犬をほめるときは高くて優しい声が基本。さらに、犬に動いてほしいときは「おいでおいで！」という感じで短い単語を反復するのが効果的ということがわかっています。逆に犬の行動を抑制したいときは「ノーーー！」というふうに長く伸ばした低い声が有効です。

いぬのほんね

本気でほめてくれてるかどうか
コトバとイントネーションで
感じとることができるんだ

45 言葉で意思を伝える犬がいるってホント？

アメリカの音声言語専門家が愛犬ステラに与えたのは、押すと29の単語を発するボード。散歩に行きたいときは「Park」「Play」、飼い主が恋しいときは「Want」「Jake」「Come」とボタンを押すステラ。犬と意思疎通できる日も近い!?

いぬのほんね

英単語を組み合わせて気持ちを伝える犬がアメリカにいるよ

46 大きな犬の唸り声はやっぱり怖いの？

犬は、ほかの犬の唸り声を聞いただけで相手のサイズを見抜いてしまうようです。犬の実物大画像と、同じ犬を30％拡大または縮小した画像を見せながらその犬の唸り声を流すと、ちゃんと実物大のほうを見るのだそう。すごいですね。

いぬのほんね

というか、唸り声だけで相手の犬の大きさがわかるんだ

47 飼い主の声を聞けば飼い主を思い出す？

京都大学の実験により、**飼い主の声を聞いたとき犬は確実に飼い主の顔をイメージしている**ことがわかりました。飼い主の声を聞かせながら飼い主の顔写真を見せたときより、他人の顔写真を見せたときのほうが長く見つめていたのです。心理学の実験では前者は「一致条件」で犬にとっては当たり前。後者は「不一致条件」で、矛盾を感じると注視時間が長くなるとされています。

ただし、飼い主の顔のサイズが小さすぎると認識できません。スマホのテレビ電話だと小さすぎて、「あれ、声はするのに」と飼い主の姿をあちこち探し回ることもあります。

ちなみに犬は**人の声を聞いただけで男か女か認識できるよう**。男女の顔写真を見せながら声を聞かせると、一致条件（男の顔×男の声／女の顔×女の声）のときより、不一致条件（男の顔×女の声／女の顔×男の声）のときのほうが注視時間が長いのです。男女の顔や声の特徴はさまざまでありながら、犬は「男」「女」の概念をもちカテゴライズできるようです。

いぬのほんね

声を聞けばその人の顔が思い浮かぶよ！　会ったことない人の性別だってわかるんだ

48 嗅覚がすぐれている犬。臭いものは数倍臭い？

犬の嗅覚は人間より100万倍鋭いといわれます。じゃあ臭いものは100万倍臭いのかというとそうではありません。空気中を漂っているにおい分子が、人がようやく感じられる濃度の100万分の1になっても犬は検知できるという意味。そうでないと、悪臭を嗅ぐたびに卒倒してしまいますよね。

このすぐれた嗅覚を利用して**人間の病気を早期発見しようという試み**がなされています。息や血液のにおいから癌を発見したり、てんかん発作患者の汗のにおいから発作の兆候を感じとる犬などが登場しています。イギリスにいるマジックという犬は、糖尿病のクレアさんのそばに一日中つきそい、息から低血糖のにおいを感じると前足をかけてお知らせ。この方法でいままでに3500回以上、クレアさんの命を救ったといいます。

犬は気になるにおいは何度も嗅ぐもの。愛犬にしつこくにおいを嗅がれたら、病院で検査を受けてもいいかもしれませんね。

いぬのほんね

人より何倍も強烈ににおいを感じるというわけじゃなく、人が感じられないごく薄いにおいも感知できるんだ

49 人の感情が犬に伝染することってある？

ドキ ドキ
やめて ドアを 開けないで そっちには ゾンビが…
バ
ひぇえ
ン
チャプ チャプ
モカさんも 怖かったの かな…？
タッ

飼い主の態度から、飼い主が怖がるものを犬も怖がるようになることはP.75で述べましたが（社会的参照）、たとえ飼い主の姿が見えなくても気持ちは伝わっている可能性が出てきました。**犬は飼い主の汗のにおいから感情を読みとれるかもしれない**という実験結果が2017年に発表されたのです。

実験では、怖い映像を観たときの人の脇汗をパッドで採取。それを犬に嗅がせると心拍数が増加しました。さらにうろうろ歩く、口を開けて荒い呼吸をする、鳴く、頭をふる、水を飲むなどのストレス関連行動も増えたのです。いっぽう、幸せなストーリーの映像を観たときの脇汗を嗅がせると、犬は見知らぬ人へ接触することが増えたそう。幸せな気分になって恐怖心が減ったのかもしれません。それぞれの汗に含まれる何の成分を嗅ぎとっているのかは謎ですが、**人の感情を読みとるのに嗅覚も利用していると**いう説は、犬ならではという気がしますね。

いぬのほんね

人の汗のにおいを嗅いだだけで、その人の感情が伝わって気分がシンクロしちゃうんだ！

50 漂うにおいと別の食べ物を差し出すと「これじゃない」という顔…

ある実験で、Aのおもちゃのにおいをたどった先にあったのがBのおもちゃだったとき、犬は戸惑いのしぐさを見せました。においから描くイメージと実物がちがっていると混乱するのです。食べ物だけでなく、人や犬のにおいでも同じでしょう。

いぬのほんね

人間だってカレーのにおいがするのに牛丼が出てきたら驚くでしょ!

あちち
タタッ…
モカさんササミ好きだもんねー
これいまあげるの?
うーんまだ熱いから今日はこっちね
はいモカごはんだよ
じ…っ
「これじゃないですよね?」って顔してる…!

ホワット・ザ・フルッフ・チャレンジ
SNSで流行したシーツを使って犬に仕掛けるドッキリである
いくよーモカ
3、2、1…
パッ
!?
キャオオ!?
!?
大成功

51 飼い主が消えるドッキリで犬がすごく驚くのはなぜ？

物体はたとえ見えなくなっても存在するという物理の法則「物の永続性」を理解しているからこそ、このドッキリに驚くのです。人間の赤ちゃんも生後5か月ごろになると物の永続性を理解するようになることが実験でわかっています。

いぬのほんね

物理の法則を理解しているからこそ驚くんだ

52 多いほうのおやつを選びます

犬は2〜10の数の大小（量）を比べられることが、2019年発表の研究で明らかにされました。これはとくに訓練されていない犬でももっている能力とのこと。「どっちがトクか」というとっさの判断は、野生時代も必要だったのでしょう。

いぬのほんね

パッと見で数を比べて多いほうを選ぶよ

モカさんおいでー♡
ボーロだよ〜
わんちゃんボーロ
…
モカさん
ボーロだよ♡
たっぷり
ずるいだろそれ…っ
ダッ

53 おやつを減らすとバレます

犬は簡単な計算ならできるという実験結果があります。衝立（ついたて）の後ろにおやつを1つ隠し、さらにもう1つ隠し、その後衝立を除いたときにおやつが1つだったり3つだったりすると「おや!?」という感じで注視時間が長くなったのです。

いぬのほんね

「1+1=2」とかの簡単な計算ならできるんだよ

54 きょうだい犬のことはいつまで覚えている？

犬用SNSサイト
PEDE
血統書の登録番号で親戚がわかるんだって！
モカの血統書ってあったよね!?
たしかここに…
モカさんのきょうだいが見つかったら…感動の再会!?
おにいちゃんッ!
おとうとよッ!
うう…
もう泣いてる…

7か月前にロシアで別れたゴールデン・レトリーバーのきょうだいが、それぞれの飼い主に連れられてアメリカの市場で偶然出会い、互いに喜びのそぶりを見せたという事例があります。少なくとも7か月ほどは記憶があるようです。

いぬのほんね

7か月前に別れたきょうだいを覚えていた犬がいるよ！

55 犬ってなんで時間がわかるの？

ある専門家は、犬は時間を嗅ぐことができると述べています。気温の上昇にともなう温度変化や、時間の経過とともに薄まっていくにおいの変化から時間を知るのだそう。もちろん、体内時計や街中で定期的に鳴る音も手がかりになっているのでしょう。

いぬのほんね

においの変化や体内時計、周囲の物音から時間を読むんだ

56 高度な計算が必要な問題を解いちゃうってホント？

海まで遠出

ジャック！
取って
おいで！

パシャッ

ダーーッ

ザババババァ

かっこいい～…

モカも
やってみるか？

パシャッ

ザザ～ン…

だめか…

ノーベル物理学賞をとったリチャード・P・ファインマン氏が作った「ライフガードが選ぶべき経路はどれか?」という問題があります。砂浜にライフガードがいて、ななめの方角に海で溺れている人がいる（左下の図参照）。ライフガードが溺れている人にもっとも早くたどりつく経路は直進のAか、長く走り短く泳ぐBか、それともその中間のCか。砂浜を走るスピードは泳ぐより速いことが前程です。

くわしい計算方法はここでは省きますが答えはC。おもしろいのは、**犬は本能的に最速の経路を選べる**ことです。アメリカの数学者が愛犬と水辺で遊んでいたとき、水の中に投げたボールを犬が最速経路で拾ってくることを発見。数学会に論文を発表しました。

じつは**同じ能力は昆虫にもある**ことが実験で確認されています。この計算には微分積分の知識が必要なのですが、計算などしなくても本能でわかっちゃうんですね!

いぬのほんね

微分積分を使って解く問題を犬は本能的に解いちゃう。計算なんかしなくてもわかるんだ!

57 ほかの犬に同情して助けることがある?

犬はほかの犬がクンクン鳴いているのを聞くと、ストレスを受けたときに出るコルチゾールが増えることが実験でわかりました。またその際、ほかの犬のそばに行ってなめてあげるなどいたわるような行動も増えました。これは相手が見知らぬ犬のときより親しい犬のときに顕著だったそう。

クンクン鳴きはもともと子犬が母犬に甘える鳴き方。そのため、これを聞くと子犬を守る親犬の気分になるのかもしれません。しかし単純に見れば**犬はほかの犬の悲しみに共感し同情する**といえるでしょう。

またこうした実験も。隣のスペースにいる犬におやつを与えられる装置（自分にはおやつなし）を用意すると、とくに隣の犬が知り合いのとき、おやつを与えることが多かったのです。これは**犬には利他の心がある**という証拠かもしれません。何より、犬はほかの犬を善意から助けることがあるとしか考えられない事例が多々。貯水槽に落ちて上がれなくなった仲間のそばを離れない犬など、数多くあるのです。

いぬのほんね

とくに親しい犬には同情するし
親切にしたいって思うよ。
群れ社会で生きてきた名残りかな？

半分たべていいよ

58 犬にグチを聞いてもらう私って変？

は〜…ただいま〜

は〜…

モカさん…

おかえり

聞いて〜

ぺろ

仕事の企画がボツになったの〜

ずっとがんばってきたのにがっかりだよ〜

モカさんなら私の気持ちわかってくれる？

？

ねぇモカさんなぐさめて…

じ…

はっ

無言で立ち去る…

せめてなんか言ってよ

ザッ

それが父としての愛…

とくに**女性や子どもはペットにグチを聞いてもらうことが多い**というデータがあります。女性の場合、落ち込んだり無気力になったりしたときはペットに、恐怖や怒りを感じたときはパートナーの男性に話すことが多いそう。子どもの場合、とくに親しい人との死別や両親の離婚、闘病などつらい経験のある子どもは、人間の友だちよりペットとの絆のほうが強い傾向があるといいます。

人はただ悩みを話すだけで心理的に開放されます。相手は人でなくても問題なし。むしろ、よけいな口をはさまないペットのほうが話しやすい面があるのでしょう。

アメリカやカナダでは、**子どもが犬に本を読み聞かせるという学習が広まっています。**読書や勉強が苦手で人前ではうまく音読ができない子も、間違いを指摘することのない犬が相手なら楽しんで読み聞かせをするそう。それが結果的に学習力の向上につながっていくといいます。もの言わないペットのありがたみがわかりますね。

いぬのほんね

よけいな口をはさまず、黙ってグチを聞く犬は優秀なセラピスト。悩みがあったら聞いてあげるよ

キホンのキ 2

さんに対して同じしぐさを見せることも。

犬のご挨拶はにおいの確認

犬は体臭で相手を認識します。体臭からは相手の性別や体調など多くの情報が得られるのです。出会ったときにお互い敵意がなければ、まず鼻と鼻を合わせて口元のにおいを確認。その後おしりのにおいを嗅ぎます。相手のおしりを追ってお互いにくるくる回るのは、自分のおしりは嗅がせたくないけれど相手のおしりは嗅ぎたいという心理。そのうち犬の優劣が決まって劣位の犬が立ち止まり、相手に好きなだけ嗅がせます。

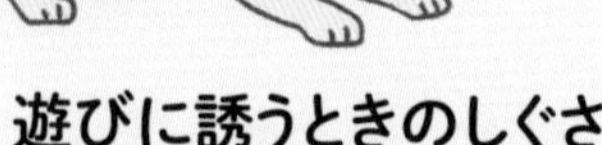

遊びに誘うときのしぐさ

まるで相手におじぎをしているようなポーズは、「プレイバウ」（Play Bow）と呼ばれる姿勢。相手を遊びに誘うときのしぐさです。遊びが過熱してきたときも行い、「荒っぽいこともするけど、これはあくまで遊びだよ!」と伝えます。

> **カーミングシグナル**
>
> カーミングシグナル（Calming Signal）とは、自分や相手を落ち着かせるためのボディランゲージ。眠くないのにあくびをするなど、**無関係なしぐさをすることで相手に敵意はないことを伝えます**。プレイバウもカーミングシグナルの一種です。

知りたい！

犬のほんねの

犬どうしのほんねは意外とフクザツ。飼い主

回り込んで近づく

接近するときは敵意がないことをアピール

犬にとって急所である首筋とおなかを相手に見せながら近づくことが、自分に敵意はないというアピールになります。相手にまっすぐ近づくのは威嚇のサインとなってしまいます。初めての相手にまっすぐ近づくのは、犬の世界のルール無視なのです。

相手の優位を認め急所を見せる

相手に脇腹を見せる

片方が相手に脇腹を見せ、アルファベットのTのような形になったときは、横線にあたるほうが劣位の犬。相手に自分の急所である首筋やおなかを見せることで、相手の優位を認めているのです。しかしときには優位の犬が横線の側になることも。相手に観察する機会を与える自信の表れです。

マウンティング

上に乗って自分の優位をアピール

相手に馬乗りになって自分の優位さをアピールします。片方の前足だけ相手に乗せたり、あごを相手に乗せるのもマウンティングの一種です。必ずしも本当に優位の犬が行うわけではなく、力が弱いのに強気な犬が、自分より数倍大きい犬に行うことも。オスは交尾のために性的なマウンティングも行います。

鳴き声

痛みや不安があるときは高い声、
警戒しているときは低い声で鳴きます。

高い

「痛い! 怖い!」
突然の痛みや恐怖に驚いたときは鋭く高く短く鳴きます。緊急性の高い鳴き声です。

「ここにいるよ」
遠吠えは**遠くにいる仲間とコンタクトをとるため**の鳴き声。**寂しいとき**にも行います（P.31）。

「ねえねえ!」
中間の音程の吠え声は**いろんな場面で使われます**。「ごはんちょうだい!」「遊んで!」などの要求や「よお!」など挨拶のことも。

ク～ン
ク～ン

「さびしいよう」
ひとりぼっちで不安なときは鼻を鳴らします。もともとは母親に甘える子犬の鳴き方です。

「あっちへ行け!」
相手を威嚇し遠ざけるための唸り声。低く濁った迫力のある声ですごみます。ただしほんねは恐怖でいっぱいのことも。

低い

犬にもいろいろいるのさ

59 オラオラ系と穏やか系。性格のちがいはどこから？

ドッグラン
ガウッ
おお…
オラついてる犬がいる…
フンッ

あっちは子犬に囲まれて楽しそう
性格ってあるわね

アメリカで56犬種を対象に行った調査では、秋田犬やジャーマン・シェパードなど**立ち耳の犬はアグレッシブで人に服従しない傾向**が見られました。またジャパンケネルクラブの登録犬種のうち、立ち耳の犬8種とたれ耳の犬10種の性格の〝穏やかさ〟を専門家が評価したところ、立ち耳は平均6.0、たれ耳は7.9でした(10点満点)。

これは犬の進化の過程を知れば至極納得のいくことです。犬の祖先はオオカミの一種。オオカミは立ち耳で、犬になり家畜化が進むうちに突然変異でたれ耳が出現したのです。つまり**立ち耳の犬は祖先であるオオカミの気質により近い性格**ということ。

最近では遺伝子解析によりどの犬種がオオカミに近いのかが明らかにされています。85犬種の遺伝子を調べた結果、**もっともオオカミに近い遺伝子をもっているのは柴犬**でした。ついでチャウ・チャウ、秋田犬、アラスカン・マラミュート、バセンジーなど。もちろん個体差はありますが、基本的に立ち耳は人にこびない性格なのです。

いぬのほんね

立ち耳の犬は基本アグレッシブで
たれ耳の犬は穏やかな性格。
オオカミに近いのは立ち耳だからね

やんのかコラ

60 まゆげ柄や牛柄など ふしぎな柄はなぜできる？

前ページで、たれ耳は家畜化が進んだ結果生まれたと伝えました。じつは、**不規則な柄も同じように家畜化された動物ならではの特徴**です。

犬の祖先はオオカミの一種。その毛色は背中側が濃い灰褐色のみだったといわれます。突然変異で白や黒の毛色が生まれることがあっても、野生では目立ちすぎて生き残れず淘汰されたでしょう。それが、人に飼われるようになるとそうした個体も生き残れるように変化します。こうして真っ白や真っ黒の犬、はたまた白黒まだらの犬までふつうに存在するようになるのです。ホルスタイン牛が白黒まだら模様なのと同じです。

P.79で紹介したキツネの実験では、人なつこいキツネどうしを掛け合わせて8世代目で毛色に変化が表れたそう。いまでは白黒まだら模様のキツネがふつうに存在しています。そのしくみは明らかになっていませんが、**人なつこさと不規則な模様は関係する**のです。

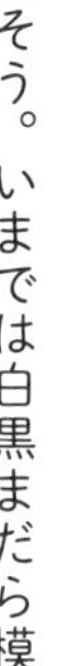

いぬのほんね

白黒まだら模様など不規則な柄は人に飼われる動物ならではの特徴。野生では見られないものなんだ

61 盲導犬はなんでレトリーバーばかりなの？

盲導犬だ

スッ

スッ

なんてスマートな誘導…かっこいい〜！

まるで令嬢を守るSPみたい

どうぞこちらへ

おじょうさま…

あぶない！

フフ…

ヤヨイさん？

盲動犬や介助犬はゴールデン・レトリーバーやラブラドール・レトリーバーなどほとんどが垂れ耳の犬。P.119で立ち耳の犬よりたれ耳の犬のほうが穏やかという話をしましたが、街中でもの静かに人を助ける役割の職業犬には、穏やかなたれ耳犬の気質がぴったりなのです。

　2017年に発表されたアメリカの研究では、**人のために働く盲導犬や介助犬は、血中のオキシトシン濃度が高い**ことがわかりました。オキシトシンは俗に愛情ホルモンと呼ばれ、攻撃性を抑える働きがあります。いっぽう、人や犬に咬みつくなど**攻撃的な犬はバソプレシン濃度が高い**ことも判明しました。バソプレシンは血圧上昇ホルモンとも呼ばれ、とくにオスでは攻撃性を高めることが知られています。

　たれ耳はネオテニー（幼形成熟／P.55）**の一種**ともいわれます。どんな犬も子犬のころは耳がたれているからです。そのため威圧感がなく親しみやすいという特徴もあります。

いぬのほんね

たれ耳犬の穏やかな気質が盲導犬にはうってつけなんだ。愛情ホルモンもたっぷりだよ！

62 留守番が苦手な犬がいるのはどうして？

うちのマロン留守番が苦手なんです

そうなの？

ひとりが寂しいみたいでクッション破いたりしちゃうの

うわー大変だぁ

それだけママが大好きなんだね

モカちゃん

あそぼ

プイッ

ガーン

でもモカには冷たい

犬が楽観的か悲観的かを調べるテストがあります。犬の右側、数メートル離れた場所に皿を置いたときは中におやつあり、左側に置いたときにはおやつなし、ということをまず覚えさせます。当然、右側の皿には犬は喜々として走りますが、左側の皿にはノロノロと近づくか、近づかないこともあります。

　実験ではその後、右側でも左側でもない中間の場所に皿を置きます。その際、犬が皿に走って行けば楽観的（おやつがあると期待している）、皿に近づかなかったり、近づいてもスピードが遅かったりする犬は悲観的（おやつはないと考えている）です。

　この考え方の傾向は飼い主の留守中の行動にも表れます。**楽観的な犬は飼い主の留守中に落ち着いて待っているのに対し、悲観的な犬は吠えたりものを破壊するなど分離不安の症状を多く見せるのです。**

つまり楽観的な犬は「そのうち帰ってくるだろう」と考え、悲観的な犬は「帰ってこないのかも!?」と考えてしまっているのでしょう。

いぬのほんね

悲観的にものを考えちゃう犬は「飼い主が帰ってこないかも!?」と不安になっちゃうんだ…

63 うちの犬は注目を浴びるのが大好きなんです

ポイント5倍キャンペーン

ATM

パンフェア

!

か…

かわいい

なんだあれ
ぬいぐるみかよ!?

きゅるんっ♡

ブリ

ブリ

かわいいーーーっ♡

ズキュウウン

こいつ…いままで
男にはこびなかった
くせにターゲットを
広げたな

犬は体高と体重が少なくなるほど、人からの注目を浴びたがる傾向があることが過去の調査でわかっています。ほかに、大きな音や見慣れないものに怯えやすい、興奮しやすく吠えやすい、威嚇や攻撃行動が多いという傾向も。これらは「Small Breed Syndrome」（小型犬症候群）といわれます。

P.55で犬にはネオテニー（幼形成熟）が起きていると述べました。なかでも小型犬はネオテニーの度合いが強く、母犬の愛情を求める子犬のような気持ちを多く残しているのかもしれません。また単純に、小型犬には人にかわいがられることを目的に作られた愛玩犬が多いという理由もあるでしょう。

攻撃行動については、多少の攻撃性は小型犬ではさほど問題にされず、遺伝的に攻撃性が弱まることなくここまできたという面があります。力の強い大型犬が攻撃的だと、人の命に関わりますよね。なので大型犬は選択繁殖によって穏やかな気質にされてきたのです。

いぬのほんね

小型犬ほど「注目を浴びたい」気持ちが強いんだ。愛玩犬が多いから当然かもね

64 コワモテの犬って案外優しい？

鼻ぺちゃ顔の短頭種は、もともとは闘犬として作られました。相手に咬みつく力強いアゴと、咬みつきながらも息ができる後退した鼻をもつよう容姿が改良されたのです。当然、性格は攻撃的で怖い者知らずでした。

しかし19世紀に入るとヨーロッパで闘犬が非合法に。それをきっかけにブリーディングの方向性が一転、温和な性格になるよう改良されます。現在、愛玩犬として人気を誇るパグやフレンチ・ブルドッグも、警察犬などとして活躍する大型のボクサーやマスティフも、押しなべて穏やかな性格。オーストラリアで45犬種、6万頭以上の犬をテストしたデータでは、短頭種の大型犬は見知らぬ人に対しても友好的で愛情深いという特性が見られました。コワモテの外見とはいい意味でギャップがありますね。

ちなみに短頭種の嗅覚は平均よりおとるよう。マズルが短いぶん、においをキャッチする鼻の内部がせまいためです。嗅覚をいかした職業犬には残念ながら向いていません。

いぬのほんね

怖いのは見た目だけ。鼻ぺちゃ犬は初めて会う人に対してもフレンドリーで愛情たっぷりなんだ！

65 大型犬のほうが脳が大きくて頭がいいの？

ピィイ…
聴導犬ってすごいなー
再生数 60000
モカも訓練すればできるのかな？
無理だろ大型犬とは脳みその大きさがちがうし
そんなことない！モカは天才なんだから！
モカッおすわり
さっ
キリッ
まさかの伏せ…！

知能は脳の大きさだけで決まるわけではありません。重要なのはニューロン（脳の神経細胞）によるネットワークです。ヒグマの脳は犬より3倍以上大きいですが、ニューロンの数は犬のほうが多く知能がすぐれています。

とはいえ犬だけを見た場合、体の大きさとニューロンの数はある程度比例するよう。2017年に発表された研究では、ゴールデン・レトリーバー（大型犬）のニューロンは6.3億、雑種（小型犬）では4.3億でした。実際、記憶力と自制心に関しては大型犬がもっともすぐれているという実験結果が出ています。

また、脳は犬種ごとに形が異なることもMRIスキャンによって明らかにされています。鼻ぺちゃや顔の短頭種は脳の奥行きも短く丸みがあり、ボルゾイのように顔が細長い長頭種は脳も細長いといった具合。さらに、獲物を回収する、羊などの家畜を集めるなど犬種特有の技能によって、脳に特定の変化が見られるとのこと。脳の構造も犬種によってちがいがあるんですね。

いぬのほんね

頭のよさの基準はいろいろあるけど、記憶力と自制心に関しては大型犬がナンバーワン！

66 柴犬は人にこびない性格？

こんにちはー

こんにちはー

フリ

フリ

チョコちゃんは
すぐしっぽを
ふってくれるけど

コテツ君は
キリッと
座ったまま

飼い主以外には
しっぽをふらない
この感じ

渋い

こびない

柴犬って昭和の
名優みたい

いまや海外でも人気の柴犬。人にこびず、一定の距離を置いて接するところがファンはたまらないようです。

P.119で遺伝的にオオカミにもっとも近いのは柴犬という話をしました。そのせいか、柴犬には平均的な犬と異なる面が多く見られます。例えば柴犬は人にアイコンタクトをとることが少ないことが実験でわかっています。人へのアイコンタクトは人を頼る気持ちの表れ（P.67）。柴犬は独立心が強いということですね。この特徴は柴犬と同じ古代犬種である秋田犬やシベリアン・ハスキーにも見られます。ちなみに困ったような表情を作る目の上の筋肉（P.59）ですが、シベリアン・ハスキーにだけはないそう。「こびぬ！」という気持ちの表れでしょうか。

古代犬種のこのような特徴を作っているのは何なのか、科学的な分析も進められています。P.67で、犬の人なつこさに関わる遺伝子の話をしましたが、古代犬種はそのDNA配列がほかの犬種と微妙にちがっているそう。今後のさらなる研究に期待です。

いぬのほんね

オオカミに近い犬種だから独立心が高くて人に頼らない性格。まあ最近は甘えん坊の柴もいるけどね

自分…不器用ですから

67 アフガン・ハウンドってわがままなの？

わぁ
アフガン・ハウンドだ
貴族みたいな風格だなぁ
さら…
グイッ
あっ
プリンス!?
プリンス戻りなさい
プリンス！
したがわぬ…
性格も貴族…！

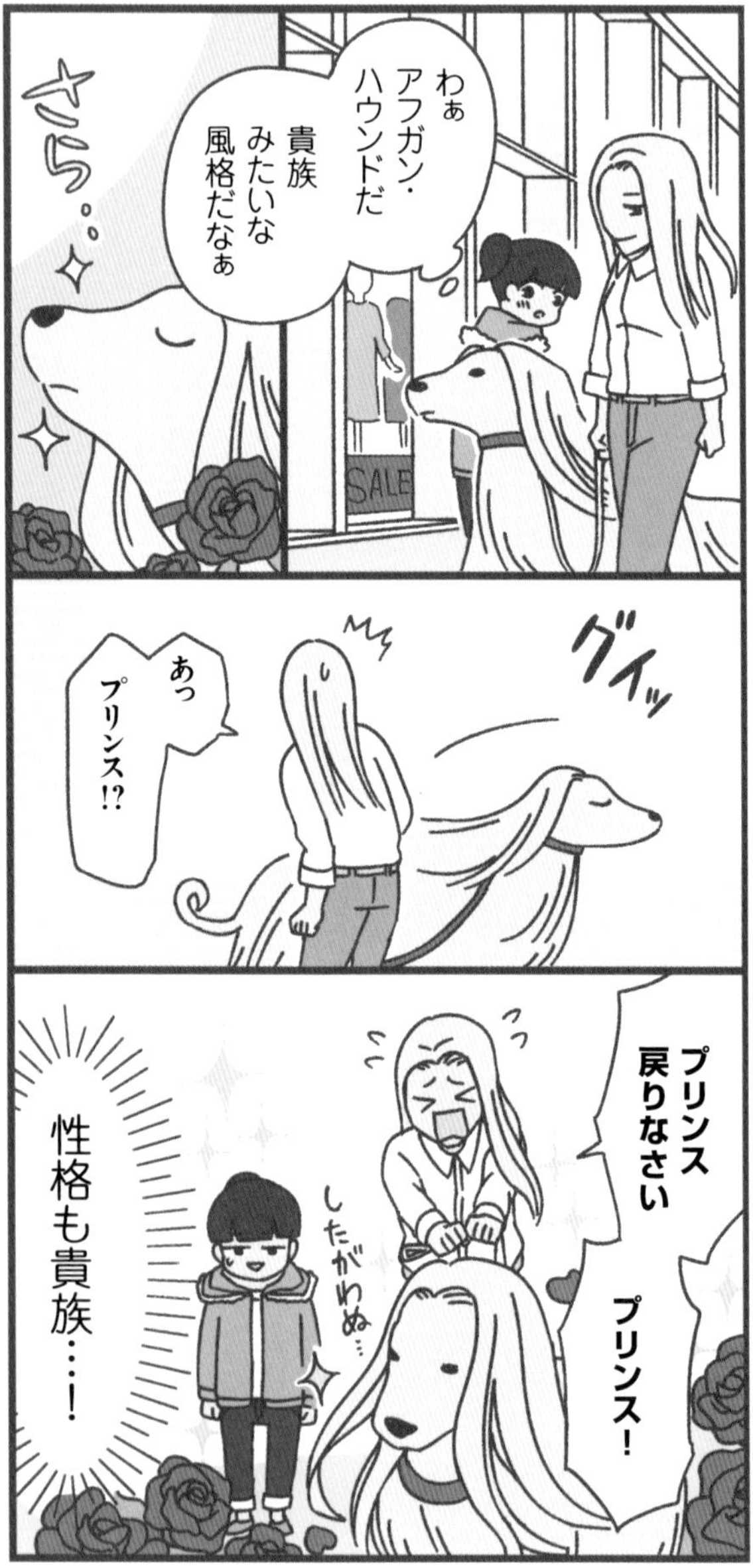

長いおみあしにサラサラヘアー。貴族のような風貌をもつアフガン・ハウンドは、犬の専門家スタンリー・コレン氏から不名誉な評価をもらってしまいました。133犬種の賢さを比べたランキングで最下位にされてしまったのです。

しかし案ずることはありません。この評価は「人のコマンドにすぐ従うか」など、人への服従のしやすさを重要視しています。アフガン・ハウンドはもともと猟犬で、俊足をいかして獲物を追い詰める役割。馬に乗った飼い主が追いつくまで待つことなく、独自で判断して行動を決める能力が求められていたため、独立心が強いのが特徴なのです。つまり賢さではなく性格のちがい。人の目を気にせず我が道を行く、超然としたたたずまいがアフガン・ハウンドの魅力なのです。

とはいえ、初心者にはしつけしにくいのも事実。自信がないなら人に服従しやすい犬種を選ぶべきでしょう。ちなみにコレン氏のランキングでもっとも賢いとされたのはボーダー・コリーです。

いぬの
ほんね

アフガン・ハウンドは独立心旺盛で人に従いにくい気質。そこがイイって理解してね

68 太った犬はかわいいけど健康面はどうなの？

いぬのほんね

心臓病のリスクや関節への負担など肥満は万病のもと！　おデブな飼い主は犬もおデブにしがちだから気をつけて

２０１６年に約５千頭のデータを調べた結果、日本の飼い犬の54.9％が肥満〜太り気味であることがわかりました。アメリカの34.1％、中国の44.4％と比べても由々しき事態です。

気になるのが肥満の飼い主の犬はやはり肥満のことが多いという統計があること。２０１７年発表のイギリスの調査では、太った犬の飼い主は、犬を赤ちゃんと見なす傾向があったそうで、犬を擬人化して自分のおやつを分け与えたり、甘えられるたびに食事を与えていることが考えられます。

肥満犬はダイエットで適正体重を目指してほしいものですが、自分自身のダイエットもままならない飼い主に愛犬のダイエットを遂行させるのはなかなか難しいよう。２０１５年、アメリカなどで肥満犬１５００頭以上を対象に12週間のダイエットチャレンジが行われましたが、約４割の飼い主は途中脱落。うち８割は音信不通になったそう。飼い主のやる気がなくては、犬はいつまでも痩せられませんね……。

69 雑種の犬は純血種より体が丈夫？

こんにちはー
かわいいですね 何犬ですか？
ミックスよ
愛護団体から引きとったの
いい子だし ミックスのほうが 体も丈夫なのよ
そうなの？

「雑種強勢」という言葉があります。生き物は種または品種をまたいで交配すると、両親より健康な子どもができやすいという現象です。両親が遺伝的に離れていてそれぞれ異なる長所をもっていれば、子どもは多くの長所を獲得できる可能性があります。しかし両親が遺伝的に近いと互いに似たような長所しかなく、子どもも親と同程度の長所しかもてません。しかも両親に共通の弱点（劣性遺伝子）があると、子どもは遺伝病を発症しやすいというデメリットもあります。

そういった理由から犬も雑種のほうが強いと信じられてきましたが、実際はどうなのでしょう。結論からいうと、やはり雑種はやや健康のようです。ある統計によると、小型の雑種の平均寿命は14.3歳、中型の雑種は13.9歳。純血種をふくめた全体の平均が13.7歳ですから、雑種はやや長生きといえます。

遺伝病については、海外で10万頭以上の遺伝子解析を行った結果、純血種も雑種も同程度のリスクをもっていたとのこと。雑種も遺伝病と無縁というわけではないのですね。

いぬのほんね

雑種はやや長生きの傾向が。純血種もきちんとしたブリーダー出身なら問題ないよ！

70 人間の星占い、犬にはあてはまらないよね？

犬の生まれた季節によって病気の発症リスクが異なるというデータがあります。アメリカで12万頭以上を調べた結果、夏生まれの犬は心臓病リスクが高い傾向があったそう。またアメリカとカナダの統計では、冬～春生まれの犬は股関節形成不全のリスクが高いという結果に。これらが日本の犬にどこまであてはまるかわかりませんが、人間でも秋生まれはアトピー性皮膚炎が多いなど、出生時期と病気リスクの関係が研究されています。犬にも何かしらの関係があってもおかしくありませんね。

さらに、人間は生まれた季節によって性格の傾向があるそうです。これは占いではなく、科学的な統計の話。例えば2～4月生まれの女性は新奇探索傾向（リスクを冒してでも新しい物事に挑戦しようとする性質）が強いそう。こうした性格のちがいは**生まれた時期の日照時間や気温などが、ドーパミンやセロトニンなどの神経伝達物質に影響を与える**ためと考えられています。誕生月による犬の性格傾向、誰か調べてくれないでしょうか。

いぬのほんね

星占いはわからないけど、生まれた季節によってかかりやすい病気がちがうみたい。性格もわかるといいのになあ

冬生まれ

71 メスのほうが賢い？

工具
買って買ってよぉおおお
大きなクマほしい！
サンムン
ダメ
ぎゃあぁ
あん
ねー
パパおねがい
ゾウさんのすべり台買って♡
デレ
デレ
もーしかたないなぁ♡
女の子のほうがおねだりスキル高かったね
犬の知能は2〜3歳くらいだっていうけど
犬もメスのほうが賢いのかな？

P.131で、知能はニューロン（脳の神経細胞）の数が大事という話をしました。今回、オスとメスの脳の比較をしようと思い立ったのはアメリカの医学研究所に勤めるパーベル・オスティン教授。「qBrain」という、生きたまま脳の立体マップを作ることができる最新装置を使って、マウスの脳を調べました。

わかったのは次の内容。①脳の大きさ自体はオスのほうが大きい。②脳は約600の領域に分かれていて、そのうち590はオスとメスで共通している。③生殖や子育てなど11の領域ではオスとメスでちがいが見られた。④その11のうち10の領域ではオスよりメスのほうがニューロンの数が多かった。⑤唯一、オスのほうが勝っていたのは性欲の領域のみだった。この結果は人間をふくめ哺乳類全体にあてはめることができるだろうと教授は語っています。

犬で子育てを担当するのはメス。オスは基本的にノータッチです。子どもを危険から守り、狩りができるまで育て上げるのに賢さは必須なのでしょう。

いぬのほんね

脳自体はオスのほうが大きいけど、ニューロンの数はメスのほうが多い。オスが勝っていたのは性欲だけ…

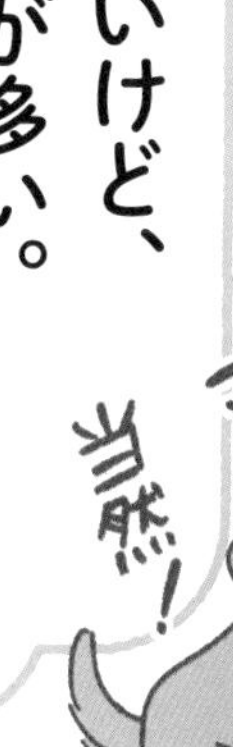

72 オスとメスでは利き手がちがうってホント？

へーオスの犬は左利きが多い…
おやつ？
おいでモカさん
左！
お手
パシッ
右！
パシッ
おかわり
伏せ！
ザッ
うーんよくわからん…
キャオッ
はやくおやつわたさんかい!!

いぬのほんね

オスは左利き、メスは右利き、鼻ぺちゃ顔は両利きの傾向がある。右利きはポジティブな性格という説も！

犬の利き手（どちらの前足を優先的に使うか）についてはさまざまな実験が行われてきましたが、概してオスは左利き、メスは右利きの傾向があるよう。男性ホルモンのテストステロンは右脳を発達させるため、オスは右脳とつながっている左前足をよく使うようになるといわれています。人間も女性より男性のほうが左利きが多いのです。

また鼻ぺちゃ顔の短顔種は両利きであることが多いそう。これはマズルの長さが関係しているかもしれません。ふつうの犬はマズルによって視野が左右に分かれます。すると片方の視野に注目しやすくなり利き手が生まれる、という説があるのです。その点、短頭種はマズルで視野が遮られないため両利きになるのかもしれません。

利き手と性格の関連性も研究されています。右利きの犬は楽観的で、左利きの犬は悲観的で怖がり、両利きは遊び心や社会性が高い傾向があるそう。ということはメスはポジティブ、オスはネガティブが多いということになりますがはたして？

73 オスの子犬ばかり生まれるのはどういうとき？

きゅーん

いまの近所の人ですか？

角のお屋敷の奥さまだよ
子犬が生まれたんだって

オスの子犬ばかりらしいよ

へー
犬のおぼっちゃまかぁ

いいもの食べているんだろうなぁ…

ごめんねモカ
うちは今夜もササミよ…

すべての生き物にとって一番の命題は子孫を残すこと。そして、食糧に困らないなど恵まれた環境にいるメスは息子を生んだほうがトクという説があります。栄養状態がよい息子は体が大きく強く育ち、メスにモテてたくさんの子孫を残せるからです。逆に、体が小さく弱い息子は誰とも交尾できずまったく子孫を残せない恐れがあります。ですから恵まれていないメスは娘を生むのが正解。メスなら相手を選ばなければ、自分で生むことができるからです。数は多くなくとも確実に子孫を残せる安パイな選択です。

この現象はアカシカの群れで確認されています。このシカには群れのなかで順位があり、順位の高いメスは草が生い茂るよいなわばりをもてます。そして順位の高いメスは息子を、順位の低いメスは娘を多く生むのです。人間でも、イギリス王室やアメリカ大統領には息子が多いというデータが。犬も、裕福なおうちではオスが多く生まれる……のかもしれません。

いぬのほんね

栄養状態がよい恵まれたママは息子を生みやすいという説が！子孫を多く残すための戦略なんだ

今泉先生の
フムフム
課外授業

悲観的な犬＝ダメな犬ではない

P.125で犬にも楽観的なタイプ、悲観的なタイプがいることをお伝えしました。悲観的すぎるのは考えものですが、極端でなければ悲観的なのが悪いわけではありません。例えば盲導犬は飼い主を危険から守らなくてはならないので、慎重で危険を避けるタイプが◎。「信号がもうすぐ赤になっちゃうけど、渡って大丈夫だろう」と楽観的では困るのです。

オーストラリアにいた警察犬・ガベルくんはフレンドリーすぎる性格で警察犬をクビになりました。怪しい人物を捕まえるより、おなかをなでてもらうほうが好きだったのです。その後、ジャージー州総督の公邸で訪問客を迎えるなどの仕事に転職。適材適所ということですね。

ちなみに日本人は65％以上が悲観的だそう。脳内でセロトニンを運ぶタンパク質が遺伝的に少ないためです。慎重さや勤勉さがあるのが悲観的タイプのよいところ。童話「アリとキリギリス」のアリが私たち日本人なのです。

5章

アイシテルからずっといっしょ

74 犬と見つめ合うと幸せな気持ちになる…なんで？

親しい人どうしで見つめ合うと幸せホルモン・オキシトシンが分泌されることは以前から知られていましたが、これが異種間（人と犬）でも起きることが最近になって確認されました。**人と犬は見つめ合うと双方にオキシトシンが分泌されてお互いに幸せな気持ちになれるのです。**

オキシトシンは心地よい気持ちになると分泌されます。例えば、あなたが初めて会う人と楽しく交流したとき、オキシトシンは15〜25％アップするといわれています。相手が知人だと25〜50％、愛する子どもやパートナーだと50％以上。そしてなんと、**愛犬と30分間見つめ合い触れ合った飼い主はオキシトシンが300％アップしたというデータがあります。**犬への愛は、ときとして人間のパートナーを超えるのですね。

ちなみにこのとき、犬のオキシトシンは130％アップ。互いに見つめ合うだけで幸せになれちゃうなんて、「犬を飼えば幸せになれる」は本当ですね。

いぬのほんね

愛する人と見つめ合うと幸せな気持ちになるみたいに、愛犬と見つめ合うと互いに幸せになれるんだ！

75 ナデナデよりもやっぱりおやつのほうが好き？

犬がもっとも喜ぶごほうびはやっぱり食べ物のようです。近づいたらなでてくれる人と食べ物をくれる人、どちらに犬が多く近づくか実験すると、軍配が上がったのは食べ物をくれる人でした。同じように、黙ってなでてくれる人と言葉だけでほめてくれる人では、なでてくれる人の勝ち。つまり**犬が喜ぶごほうびは①食べ物、②スキンシップ、③言葉でほめる、の順**ということです。動物にとって食べ物は生死に関わる重要ごとですから、これは驚く結果ではないでしょう。

ただし別の実験では、**犬でも食べ物への期待値が高いタイプと、ほめ言葉への期待**値が高いタイプがいたとのこと。また、Y字の迷路の先の片方に飼い主、もう片方におやつがある場合、ほとんどの犬が飼い主に向かったという実験結果も。どういったごほうびを魅力に感じるかは、その犬の人馴れ具合や遺伝、空腹感などが関係しているのでしょう。とりあえず犬をほめるときはフードを与えながらなで、ほめ言葉をかければ間違いなしです。

いぬのほんね

一番嬉しいごほうびはやっぱり食べ物！二番目はスキンシップ、三番目はコトバでほめられることだよ

No.1

76 いつものおやつより手作りおやつのほうが上？

おすわり

サッ

お手！

たしっ

再び。

よーし ごほうびのボーロをあげよう

モカ〜おやつできたよ〜

ピクッ

あ

今日はさつまいものコロコロよ♡

ボーロ > 手作りおやつ

か…

いぬのほんね

やっぱりスペシャルなおやつには弱い！「オアズケ」で待てる時間もスペシャルおやつだと短くなっちゃうんだ

「マシュマロテスト」をご存じでしょうか。子どもに「15分マシュマロを食べずにがまんできたらもう1個マシュマロをあげる」と試すもの。将来の高い利益を得るために目先の利益をがまんできるかどうかを見るテストで、4歳児では3人のうち2人はがまんできず食べてしまうそう。成功する子どもはマシュマロから目をそらしたり歌ったりと、自分の気をそらす努力をするそうです。

これに似た実験が犬に対して行われました。目の前のおやつをすぐに食べずにがまんできたら、おやつの量を増やしてあげるというテストで、犬がどれくらい待てるかを調べました。結果は、**最長なんと15分**！ただしこれは特別自制心の強い1頭だったようで、**平均は1分20秒**ほど。おやつをスペシャルなものに替えると待ち時間がさらに短くなったといいますから、やはり**質のよいおやつには弱い**んでしょう。質のいいおやつをがまんするときの犬は、おやつから目をそらしたりおやつとの距離をとるなどの涙ぐましい努力をしていたそうです。

手作りおやつ

ボーロ 犬用

77 好きなおやつのときは瞳の輝きがちがう気がする

大好きなおやつをもらっているときの犬をサーモグラフィーで見ると、**眼球の温度が上がって**いることがイタリアの研究でわかりました。画面では、黄色やオレンジだった犬の瞳が高温を示す赤に変化。どおりで瞳が輝いて見えるわけですね。

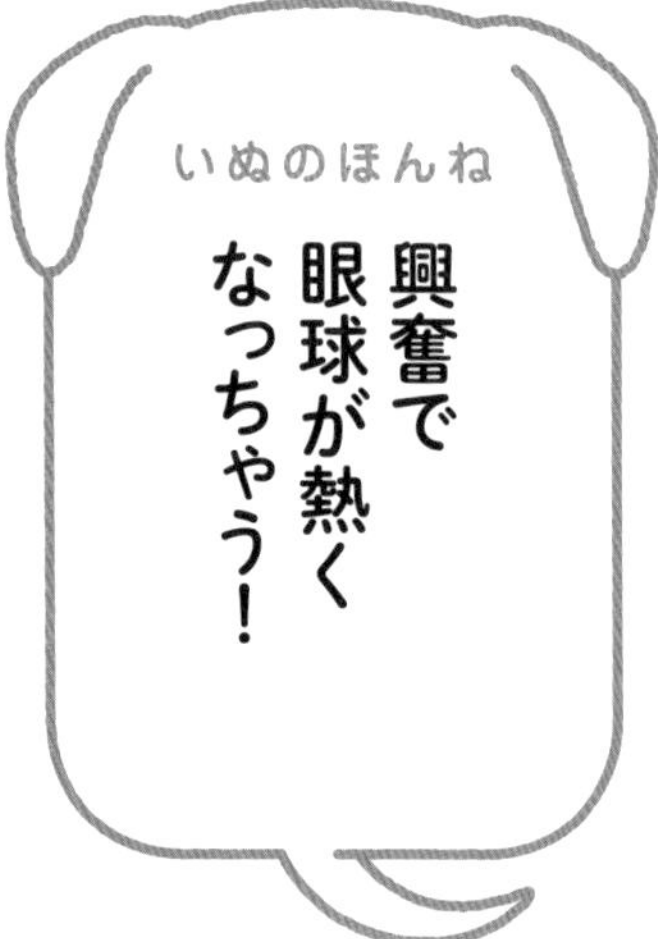

いぬのほんね
興奮で眼球が熱くなっちゃう!

フーセ

マテよー

マテよー
…

まだ?
まだ?

…ヨシ!
ちょっと早いけど…

犬のトレーニングは人間の忍耐力が試される

78 どうして帰宅するたびに大喜びしてくれるの？

犬にとっては、飼い主がただそばにいるだけでごほうびなのです。飼い主のにおいを嗅いだ犬は、脳の報酬系が活性化することがMRIスキャンによってわかっています。飼い主との再会時には幸せホルモン・オキシトシンも上昇します。

いぬのほんね

飼い主がそばにいること自体がごほうびなんだ！

79 落ち込んでいるとなぐさめてくれるよね？

落ち込んでいると犬が近よって鼻を押しつけたり、涙をなめてくれたりする。これはなぐさめの行為ではなく単に「見慣れない状況を確認する」ための行為だといわれてきました。しかし最近の研究により**本当に飼い主の悲しみを感じとり寄り添おうとしている**可能性が濃厚になってきたのです。

実験で、犬の前でおしゃべりしている人、鼻歌を口ずさんでいる人、泣いている人を見せると、**ほとんどの犬は泣いている人に近づき、鼻を押しつけたり顔をなめたり**しました。単に見慣れない状況の確認なら、鼻歌を口ずさんでいる人にも同じくらい近よるはず。そうではないということは、やはり犬は、人の悲しみを感じとり寄り添おうとしているのだと考えられます。

飼い主ではなく見知らぬ人間が泣いていても犬は同じように近よりました。また、大好きなおやつやおもちゃがあっても犬は泣いている人へ近づくことを優先したそう。泣いている人間がいたら何を置いても優しくする、が犬のモットーなのでしょうか。

いぬのほんね

**悲しんでいる人がいたら
おやつやおもちゃを放り出しても
そばに行ってあげたくなるんだ**

ペロ

80 私がつらいとき、まるでヒーローのように現れます

前ページの実験と似ていますが、2018年にこういう実験が行われていました。ガラス扉の向こうに飼い主が捕らわれているというフェイクの状況を設定。犬が扉を押して開けるまでの行動を観察します。飼い主の演技は2パターン。ウソ泣きしながら切羽詰まった様子で「ヘルプ！」というパターンと、鼻歌混じりで「ヘルプ！」というパターンです。すると、前者では犬はいそいで扉を開け、後者ではなかなか扉を開けないという結果でした。このことから犬は飼い主のピンチを感じとり助けようとすることが推測できます。

実際、犬が飼い主のピンチを助けたエピソードは数多く存在します。飼い主の小さな娘がバイクに轢かれそうになったときに飛び出し、娘の命を救った雑種犬。家に押し入った強盗に立ち向かい、飼い主の少年を助けたシェパード。山登りの途中で落下した飼い主を助けるため5マイルの距離を歩き救助隊を連れてきた雑種犬……。愛する飼い主のためならときに自分の命も投げ打つのが犬なのです。

いぬのほんね

愛する飼い主がピンチだったら
一刻も早く助けなきゃ！
たとえウソ泣きでも犬は駆けつけるよ

大丈夫か!?

81 探しものを見つけてくれるのはなんで？

イギリスの大学が行ったこういう実験があります。実験室でAさんが椅子に座り、メモ帳を使うところを犬に見せます。Aさんがメモ帳を椅子に置いて退室したあと、Bさんが入室。置いてあったメモ帳を部屋にある3つの箱のいずれかに隠します。その後再びAさんが入室、メモ帳を探します。するとほとんどの犬はメモ帳が入っている箱とAさんをかわるがわる見つめたのです。ここからは**犬が**「Aさんが探しているものはメモ帳である」と理解し、「メモ帳はあの箱に入っているんだよ」と自分の知っている情報を伝**えようとしている**ことが推測されます。

メモ帳は犬にとっては何の価値もないもの。ですが人間にとっては大事なものであると理解し、その場所を視線で伝えるというのは**犬には利他の心がある**証拠かもしれません。

レトリーバーなどの猟犬は獲物をくわえて人へ渡します。獲物は犬にとっても大いに価値のあるもの。それを人へ譲り渡すというのは、考えてみればすごいことです。

いぬのほんね

人が大切にしているものは見ていればわかるし、どこにあるか知っていたら視線で教えるよ

82 犬と飼い主ってときどき行動がシンクロするよね？

犬と飼い主は、心拍数など自律神経系の活動がシンクロすることが知られています。そのシンクロ率は飼育期間が長いほど高まるそう。あくびがうつるのも相手に共感している証拠で、親しい間柄ほどあくびがうつりやすいんだとか。

いぬのほんね

飼育期間が長いほどシンクロしやすい！

83 飼い主のストレスは犬にも伝染するの?

毛髪に含まれるコルチゾールからは過去数か月ぶんのストレスレベルを知ることができます。飼い主と犬の毛を調べたところ、長期間でストレスレベルがシンクロしていることがわかりました。愛犬のためにも、ストレスを減らしたいものですね。

いぬのほんね

飼い主が強いストレス状態にあると犬もストレスを感じちゃう

こんにちはー
あっ ポポちゃんママ!
なんかお久しぶりですね
会社の昇格試験の準備が大変で…
やっと終わったけど
もうクタクタですよ〜
なんかポポちゃんも元気ないような…?
げっそり…

84 犬が人間をだますこともある？

モカさんの子犬時代
しょーー…
よーしよし
よくできたね
ごほうび
あげるね

別の日
……
おしっこ
したのー？
ごほうび
あげなきゃ
ん？ オシッコ
したのかな

あれ？
してない…
まてーい
ウソション
御用あらため
である！
びくっ

いぬのほんね

大好きなおやつをゲットするためならあれこれ知恵をめぐらせて戦略的なウソをつくこともあるんだ

犬は大好きなおやつのためならときに人をだますこともあるようです。それが確認されたのはつぎのような実験。犬の前に3つの箱を用意します。1つはスペシャルなおやつ入り、2つ目はまあまあのおやつ入り、3つ目は空っぽ。犬は箱を自力で開けられないため、中のおやつを食べるには人を箱まで案内して開けてもらう必要があります。

犬が案内できる人は、おやつをくれる協力的なAさん、おやつを自分のものにしてしまう非協力的なBさん。Aさん、Bさんのどちらかを1つの箱に案内したあとは、おやつをくれる飼い主を案内できます。つまり犬は2つの箱の中身をゲットできるということ。さあ、犬はAさんBさんをどの箱に案内するでしょうか?

結果は、協力的なAさんはスペシャルなおやつの箱に、非協力的なBさんは空っぽの箱に案内することが多かったのです。犬は「Bさんには何も渡さず、あとで飼い主さんからおやつをもらおう」と考えたわけ。人間のキャラを見分けて戦略を練るその知恵、あっぱれです。

85 職業犬は人に忠実だよね？

空港

おお…

検疫探知犬がお仕事してる！

お

なにか見つけた

違法品が入ってたんだ

いかにも忠犬って感じ

かっこい～ こういう関係 あこがれるな

人間のために献身的に働く職業犬。いかにも忠犬という風情ですが、やっぱりおやつの誘惑には弱いというお茶目な面もあるようです。

ロシア・モスクワの空港で働く探知犬のお仕事は、嗅覚で危険物を見つけることです。発見したらもちろんごほうびのおやつをもらえます。でもじつは、犬が発見をアピールしたうちで本当に危険物があったケースは60％程度。**40％はおやつほしさのウソのアピールだった**のだそうです。

そこで航空安全局は**探知犬にウソ発見器を装着する**という方法を考案。脳波や心電図、呼吸などから犬のウソが見抜けるようになり、結果成功率は99％まで上がったとか。犬もウソをつくときはドギマギしていたんですね。

職業犬は基本的にごほうびに対して強い喜びを感じるタイプがなりやすいといわれています。ごほうびでモチベーションが上がる犬は訓練しやすいからです。しかしそのぶん、ごほうびへの欲が勝ってしまうこともあるのかもしれません。

いぬのほんね

基本的には忠実なんだけど
ごほうびのおやつがほしくて
ウソをついちゃうこともあるかも？

86 犬も仮病を使う？

とくに、過去にケガや病気でたくさんかまってもらえた経験がある犬は「こうすればかまってもらえる」と覚えるよう。飼い主の前でだけ足を引きずったり、飼い主が出かける前になると急に咳をしはじめるなんていう例があります。

いぬのほんね

飼い主さんにかまってほしくて病気やケガのふりをしちゃうことも

87 犬はほめてしつけるのがベスト？

罰を用いてしつけられた犬はストレスが多く悲観的、攻撃的になり、飼い主を信頼しなくなることが実験でわかっています。犬との幸せな暮らしを目指すなら、絶対にほめてしつけるべき！ 支配関係ではなく信頼関係で結ばれましょう。

いぬのほんね

犬との幸せな暮らしを実現したいならほめてしつけて！

88 私が苦手な人は犬も苦手みたいです

あらっヤヨイちゃーん
ちょうど家にいくとこなのよ～
うっ、フユコおばさん…
フユコおばさん悪い人じゃないんだけどしつこく結婚勧めてくるからいやだなあ～…

ヤヨイちゃんまだ結婚してないんだって？
いや～…
だめじゃないすぐ売れ残りになっちゃうわよ！
……

ワン！

ヴ～
モカ…？

犬は飼い主の態度によって見知らぬものへの態度を変える（社会的参照）ことはP.75でお伝えしたとおり。これは相手が人でも同じです。**飼い主が接触を避けた人は、犬もなかなか接触しようとしない**ことが実験でわかっています。また別の実験では、困っている飼い主を手伝わなかった不親切な人には、たとえ食べ物を差し出されても近づかない傾向がありました。P.167の例でもそうですが、**犬は人柄を見抜く力がある**のです。

またP.165で飼い主のストレスは長期間にわたって犬に影響を与えることを伝えましたが、**飼い主がストレスを感じるとそばにいる犬に瞬時に伝わる**こともわかっています。実験で飼い主にスピーチや暗算など緊張を強いる課題をやらせると、そばにいる犬も飼い主と同じように心拍数などが変動したのです。つまり、苦手な人物と接触した飼い主のストレスもたちまち犬に伝わるのでしょう。「危険人物だから威嚇しよう」と考えてもふしぎはありません。

いぬのほんね

**信頼している飼い主が嫌っているなら
きっと嫌なやつにちがいない！
いじめられていたら威嚇しちゃうかも**

89 犬に教えたいコマンド、手本を見せるのは有効？

いぬのほんね

他者のマネをする習性があるから
お手本を見せるのはよい方法。
でも強い信頼関係があることが前程だよ

子犬は母犬やまわりの犬の行動を見て学習し、模倣することで自分ができることを増やします。これを「社会的学習」と呼びますが、**相手が人間でも犬は行動を模倣するこ**とがわかっています。筒の中のボールを取り出すのにAとB2つの方法があり、人間がAの手本を見せると犬もAの方法で、人間がBの手本を見せると犬もBの方法をとることが多かったという実験結果があるのです。

　これを利用した**犬の新しい訓練法**、「Do as I do」（私の真似をして）メソッドというのがあります。例えば犬にスピン（回転）を教える場合、従来の方法ではまずおやつを持った手で誘導して犬を回転させ、成功したらごほうび……という感じで教えます。いっぽうDo as I doメソッドの場合、人が犬の前でくるりと回転して見せ、「Do it!」と指示。従来よりシンプルに教えられるのだそう。この方法で犬にドアを閉めたり汚れものを洗濯機に入れたりという行動も教えられるとか。優秀なお手伝い犬が誕生するかも!?

90 犬も嫉妬するの？

モカさーん
新しいお友だちだよ
あらかわいい
きゃっ
ブンタさんそっくりね
前に飼ってた犬
ブンタ
ね！ 似てるなって思って買ったの
かわいいよね～
ガブゥ゛ッ
ミシミシッ
きゃーっブンタさん!!

犬にも嫉妬という感情があるのでしょうか？　こんな実験があります。飼い主が愛犬の目の前で、犬のぬいぐるみをなでたり話しかけたりします。すると、犬の78％は飼い主にちょっかいを出し、1/3の犬は飼い主とぬいぐるみの間に割り込み、1/4の犬はぬいぐるみを攻撃しました。ぬいぐるみの代わりにジャックオーランタン（ハロウィンのカボチャの置き物）をかわいがっても犬はほとんど反応せず、実験中に犬の86％はぬいぐるみのおしりを嗅いだことから、**犬はぬいぐるみを本物の犬と思い、嫉妬に近い感情をもった**ことがうかがえます。

別の実験で、人が犬のフィギュアにおやつを与えるところを犬に見せると、**脳の偏桃体が活性化する**こともわかりました。偏桃体は恐怖や不安に反応する部分で、人間が嫉妬を感じたときも活性化します。人間の赤ちゃんも生後半年くらいになると嫉妬するそう。犬は人間の2〜3歳くらいの知能をもつといわれますから、嫉妬の感情があってもおかしくはないでしょう。

いぬのほんね

飼い主がほかの犬をかわいがってると嫉妬しちゃう！　飼い主を愛しているからこそ不安や怒りを感じるんだ

91 分離不安の犬が同居猫で癒やされることがある?

1頭でいることに苦痛を感じる犬は、同居仲間ができることで不安が減るのでしょう。実際に猫を迎えることで精神的に落ち着いた例があります。しかしすべての犬に効くわけではなく、折り合いが悪いと問題が大きくなるので要注意。

いぬのほんね

相性がよければ猫でも仲間になれる。ひとりぼっちが解消されるんだ

こんにちはー
こんにちはー
マロンちゃんは相変わらず留守番苦手なんですか?
それがねー
新入りネコ・グラッセ
最近猫を飼いはじめたら大丈夫になったのよ
ひとりぼっちじゃなくなったからかしら
どんな留守番しているんだろう…?
もうすぐかえってくるニャ
うん…

92 パートナーより愛犬のほうが大事な私ってひどい？

アメリカの愛犬家1000人に自分が受けるショックの度合いを10点満点で表記してもらうと、パートナーとの破局によるショックは平均8.8、愛犬の脱走によるショックは平均9.1。愛犬家にとって犬は誰よりも大切な存在なのです。

いぬのほんね

愛犬家にとって犬が一番大事なのはふつうのこと！

93 夫より愛犬と一緒に眠りたい！

犬と眠る女性、猫と眠る女性、人間のパートナーと眠る女性の睡眠の質を比べると、**犬と一緒に眠る女性の睡眠がもっとも質がいい**というデータがあります。理由は、人より猫より、犬が一番女性のタイムスケジュールに合わせてくれるから！

いぬのほんね

人間のパートナーより愛犬と眠るほうがよく眠れる!?

あはは…
モカさんが来てから知り合いが増えたなー
前は一日中家から出ないこともざらだったけど
モカさんのおかげで楽しい毎日が過ごせている
ありがとうモカさん

94 犬を飼うと友だちが増えるってホント？

Facebookが16万人のデータを分析したところ、犬派は猫派よりも平均して26人友だちが多かったそう。犬の散歩中に知り合いが増えるのも一因でしょう。ちなみに好きな映画は犬派は恋愛もの、猫派はファンタジーという傾向あり。

いぬのほんね

Facebookの分析では犬派は猫派より友だち多し！

95 犬を飼うと異性との出会いが増えるってホント？

富士通が、犬を飼っている男女1000人にアンケートを取ったところ、**犬の散歩がきっかけで恋愛した人は13％**。意外と多くありませんか!? 内訳は片想いが54％、交際まで発展したのが24％。結婚した人は6％だそうです！

いぬのほんね

犬の散歩がきっかけで恋に落ちる人もけっこういる！

ルークママは旦那さんとどこで出会ったんですか？
そうねぇ
お互いゴールデン・レトリーバーを飼っていて
散歩中に挨拶するようになったのがきっかけなの
素敵！
ちらっ
ちらっ
つい散歩中の男性に目が行ってしまう…
？
不純な気持ちで散歩してすまないモカさん…！

96 犬を飼うと若くいられるってホント？

イギリスで79歳以上の男女500人以上の健康状態や運動量を調べたところ、犬を飼っている人は運動量が多く健康的な生活を送り、**心身ともに10歳近いアンチエイジング効果**が見られたそう。犬がもたらす健康効果ってすごいですね！

いぬのほんね

自然と運動量が増えるし精神的にも癒やされて老けにくい！

97 オス犬はやっぱり女性が好きなの？

おかえりー

女好きなのはオスだから…？

いぬのほんね

オス犬もメス犬も、女性には甘えやすい。男性はちょっと怖くて警戒しがちだけど頼もしく思う犬もいるよ

犬は女性より男性によく吠え、防御や攻撃のしぐさを多く見せるというデータがあります。一般的に女性は物腰がやわらかく、威圧感を与えにくいもの。ですから女性は警戒されにくいのでしょう。その反面、強気な犬にはナメられやすいというマイナス面もあります。いっぽう男性は警戒されやすい反面、絶対服従を誓う犬も。ある研究者は「犬は女性にはボディガードのようにふるまい、男性には仲間的な行動を見せる」と語っています。

P.97で、犬は顔や声から男女を区別しカテゴライズすることを伝えました。さらに「男性とはこういうもの」「女性とはこういうもの」という概念をもった犬は、ほかの人にも同様の態度をとる傾向が。特定の女性に甘えている犬は、ほかの女性にも甘えるといった具合です。

ちなみに**犬との触れ合いで愛情ホルモン・オキシトシンがより多く出るのは女性。**そのため女性のほうが犬をかわいがり、結果好かれるのかもしれません。

98 人は犬語を理解できる？

トントン
キューン…
ん？ どうしたのモカさん？
お水ないんじゃないの？
あ
ほんとだ！
後ろをふりかえらずとも
ワフッ
オシッコしたって
鳴き声だけで意図を理解してる!?
犬語の達人だ
キャオッ
おやつくれって言ってるけどそれは無視して

多くの人は犬の鳴き声から状況を察することができるようです。フードを守るときの唸り声、飼い主と綱引き遊びをしているときの唸り声、見知らぬ人を警戒するときの唸り声をそれぞれ録音し複数の人に聞かせたところ、多くの人が何の唸り声か当てることができたのです。正解率は犬の飼育経験者、そして飼育歴が長い人ほど高い傾向になりました。また全体的に**男性より女性の正解率が高かった**という特徴も。感情の読みとりは女性のほうが長けているのでしょう。

さらに、アメリカの心理学教授が行った実験では、**生後6か月の赤ちゃんも犬の鳴き声を聞き分けられることがわかりました。**犬の鳴き声を聞かせながら複数の犬の写真を見せると、唸り声を聞いたときは唸る犬の写真を、甘え声を聞いたときは甘えている犬の写真をじっと見つめたそう。犬は人間の感情を読みとってくれますが、私たち人間も犬と暮らすなかで、犬の言葉を理解できるよう進化したのかもしれません。

いぬのほんね

犬の鳴き声を聞いただけで何を訴えているかわかることは珍しくない。とくに女性は正確に気持ちを読みとるよ

99 ペットロスがこんなにつらいのはなんで？

モカさんは見た目は若いけど…
あっという間におじいちゃんになるんだろうな
前に飼ってたブンタさんも…

いつも幸せそうに笑ってて
ワンッ
ずーっと一緒にいられる気がしてたけど

お別れの日が来てはじめて犬は人間より寿命が短いんだって思い出した

家族みんなでいっぱい泣いてしばらく家が静かだったっけ

モカさん長生きしてね
ぎゅっ

人の脳のなかで、犬との絆を形成する部分と、人との絆を形成する部分は同じだそう。つまり人にとって犬は、人と同等の存在なのです。とくに**女性にとっては愛犬＝最愛の子ども**。女性にわが子の写真と飼い犬の写真を見せると、脳の同じ部分が活性化するのです。

わが子のようにかわいい存在の死がつらいのは当然のことです。ある統計では、**ペットを亡くした人の3割以上が抑うつ状態になる**そう。犬の寿命の短さを嘆きたくなりますが、そんな人にひとつ、愛犬家のあいだで知られるエピソードをお伝えしましょう。

6歳の少年シェーンくんは、生まれてからずっと愛犬ベッカーと一緒でした。そのベッカーが亡くなったとき、シェーンくんは両親にこう言ったそうです。「ぼく知ってるよ。人はみんな、生まれてから愛することや幸せに生きる方法を学ぶんでしょう? でも犬は生まれたときからそれを知っているから、長く生きる必要がないんだよ」。

犬は無償の愛をくれる存在。その愛は、きっと痛みより大きいはずです。

いぬのほんね

自分の子どもと同じように愛しているからつらいのはしかたない。人より短い一生だから、たくさん愛してね

100 犬なしでは、生きていけない

仕事の都合で一人暮らしを始めたリョウタ

ビバ・静かな生活！

引っこしのコサカイ

部屋…ちょっと広すぎたかな…

いただきまーす…

だめだよモカ

これは人間のたべもの

思い出される日々…

犬…

飼いてぇええ

「わが家は代々犬好きで」なんていう人は、**親から犬好きの遺伝子を受け継いだの**かもしれません。

　人間の遺伝学ではよく双子が研究されます。一卵性双生児の場合、遺伝子は100％同じ。二卵性は50％。生育環境はたいてい共通。ですからある性質が二卵性より一卵性に多かった場合、それは遺伝が原因と推測されます。2019年発表の研究で、一卵性双生児の片方が犬を飼っている場合、もう片方も犬を飼っている率が高いことがわかりました。計算すると**犬の飼育は女性では57％、男性では51％が遺伝によるもの**といえるのだそう。

　犬は人間と暮らしていくうちに、人なつこさを得て（P.67）、穀物を消化できるようになり（P.39）、目の上の筋肉を動かしてかわいい表情を作れるようになり（P.59）……と、自らの遺伝子を変えてきました。人間も同様に、犬と暮らすうちに遺伝子を変えてきたのかもしれませんね。そしてあなたも生まれながらに、犬と暮らすことを運命づけられた人間なのかもしれません。

いぬのほんね

**「犬好き遺伝子」をもっているから犬なしでは生きていけない!?
NO（ノー） DOG（ドッグ）、NO（ノー） LIFE（ライフ）!**

マンガ・イラスト　道雪 葵（みちゆき あおい）
千葉県出身のマンガ家。Twitter、ピクシブエッセイにて
愛犬クーさんとの生活を描いた実録マンガを公開。
著書に『うちのトイプーがアイドルすぎる。』（KADOKAWA）、
『女子漫画編集者と蔦屋さん』（一迅社）、『アポロにさよなら』全2巻（講談社）など。
twitter @michiyukiaporo

監修　今泉忠明（いまいずみ ただあき）

哺乳動物学者。日本動物科学研究所所長。『ざんねんないきもの事典』シリーズ（高橋書店）、

『わけあって絶滅しました。』シリーズ（ダイヤモンド社）、

『オオカミたちの本当の生活』（エクスナレッジ）、『イヌのクイズ図鑑』（学研）、

『ねこほん 猫のほんねがわかる本』（西東社）など著書・監修書多数。

編集・執筆　富田園子（とみた そのこ）
動物好きのライター・編集者。日本動物科学研究所会員。
担当した本に『マンガでわかる犬のきもち』（大泉書店）、
『はじめよう！ 柴犬ぐらし』（西東社）、『フレブル式生活のオキテ』（誠文堂新光社）など。

ブックデザイン　あんバターオフィス
DTP　ZEST

いぬほん
犬のほんねがわかる本

2020年5月15日発行　第1版
2024年4月15日発行　第1版　第9刷

監修者　今泉忠明
著　者　道雪 葵
発行者　若松和紀
発行所　株式会社 西東社
〒113-0034　東京都文京区湯島2-3-13
https://www.seitosha.co.jp/
電話　03-5800-3120（代）

ISBN 978-4-7916-2900-8